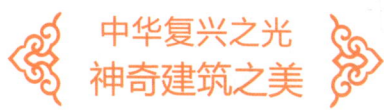

中华复兴之光
神奇建筑之美

非凡大宅气派

胡元斌 主编

汕头大学出版社

图书在版编目（CIP）数据

非凡大宅气派 / 胡元斌主编. -- 汕头 : 汕头大学出版社, 2016.3（2023.8重印）
（神奇建筑之美）
ISBN 978-7-5658-2455-5

Ⅰ.①非… Ⅱ.①胡… Ⅲ.①民居－介绍－中国 Ⅳ.①K928.79

中国版本图书馆CIP数据核字(2016)第044174号

非凡大宅气派　　　　　　　　　FEIFAN DAZHAI QIPAI

主　　编：胡元斌
责任编辑：宋倩倩
责任技编：黄东生
封面设计：大华文苑
出版发行：汕头大学出版社
　　　　　广东省汕头市大学路243号汕头大学校园内　邮政编码：515063
电　　话：0754-82904613
印　　刷：三河市嵩川印刷有限公司
开　　本：690mm×960mm 1/16
印　　张：8
字　　数：98千字
版　　次：2016年3月第1版
印　　次：2023年8月第4次印刷
定　　价：39.80元
ISBN 978-7-5658-2455-5

版权所有，翻版必究
如发现印装质量问题，请与承印厂联系退换

前言

党的十八大报告指出:"把生态文明建设放在突出地位,融入经济建设、政治建设、文化建设、社会建设各方面和全过程,努力建设美丽中国,实现中华民族永续发展。"

可见,美丽中国,是环境之美、时代之美、生活之美、社会之美、百姓之美的总和。生态文明与美丽中国紧密相连,建设美丽中国,其核心就是要按照生态文明要求,通过生态、经济、政治、文化以及社会建设,实现生态良好、经济繁荣、政治和谐以及人民幸福。

悠久的中华文明历史,从来就蕴含着深刻的发展智慧,其中一个重要特征就是强调人与自然的和谐统一,就是把我们人类看作自然世界的和谐组成部分。在新的时期,我们提出尊重自然、顺应自然、保护自然,这是对中华文明的大力弘扬,我们要用勤劳智慧的双手建设美丽中国,实现我们民族永续发展的中国梦想。

因此,美丽中国不仅表现在江山如此多娇方面,更表现在丰富的大美文化内涵方面。中华大地孕育了中华文化,中华文化是中华大地之魂,二者完美地结合,铸就了真正的美丽中国。中华文化源远流长,滚滚黄河、滔滔长江,是最直接的源头。这两大文化浪涛经过千百年冲刷洗礼和不断交流、融合以及沉淀,最终形成了求同存异、兼收并蓄的最辉煌最灿烂的中华文明。

五千年来，薪火相传，一脉相承，伟大的中华文化是世界上唯一绵延不绝而从没中断的古老文化，并始终充满了生机与活力，其根本的原因在于具有强大的包容性和广博性，并充分展现了顽强的生命力和神奇的文化奇观。中华文化的力量，已经深深熔铸到我们的生命力、创造力和凝聚力中，是我们民族的基因。中华民族的精神，也已深深植根于绵延数千年的优秀文化传统之中，是我们的根和魂。

中国文化博大精深，是中华各族人民五千年来创造、传承下来的物质文明和精神文明的总和，其内容包罗万象，浩若星汉，具有很强文化纵深，蕴含丰富宝藏。传承和弘扬优秀民族文化传统，保护民族文化遗产，建设更加优秀的新的中华文化，这是建设美丽中国的根本。

总之，要建设美丽的中国，实现中华文化伟大复兴，首先要站在传统文化前沿，薪火相传，一脉相承，宏扬和发展五千年来优秀的、光明的、先进的、科学的、文明的和自豪的文化，融合古今中外一切文化精华，构建具有中国特色的现代民族文化，向世界和未来展示中华民族的文化力量、文化价值与文化风采，让美丽中国更加辉煌出彩。

为此，在有关部门和专家指导下，我们收集整理了大量古今资料和最新研究成果，特别编撰了本套大型丛书。主要包括万里锦绣河山、悠久文明历史、独特地域风采、深厚建筑古蕴、名胜古迹奇观、珍贵物宝天华、博大精深汉语、千秋辉煌美术、绝美歌舞戏剧、淳朴民风习俗等，充分显示了美丽中国的中华民族厚重文化底蕴和强大民族凝聚力，具有极强系统性、广博性和规模性。

本套丛书唯美展现，美不胜收，语言通俗，图文并茂，形象直观，古风古雅，具有很强可读性、欣赏性和知识性，能够让广大读者全面感受到美丽中国丰富内涵的方方面面，能够增强民族自尊心和文化自豪感，并能很好继承和弘扬中华文化，创造未来中国特色的先进民族文化，引领中华民族走向伟大复兴，实现建设美丽中国的伟大梦想。

目 录

王家大院

002　王氏家族始建王家大宅
007　院内保存完整的三大建筑
028　大院的建筑装饰和文物

皇城相府

058　康熙名相陈廷敬的宅邸
068　陈廷敬亲自指挥扩建家园
081　陈壮履为父亲建御书楼

乔家大院

乔贵发之子始建乔家老院　036
乔致庸买地扩建三大院落　042
乔家后人陆续建成其他建筑　049

牟氏庄园

牟之仪之子始建庄园日新堂　086

牟墨林之子建成庄园三院落　093

牟家后人扩建园内其他院落　102

石家大院

112　石家后人共建石家大院

116　以中甬道为中心的建筑

王家大院

  王家大院位于山西省灵石县城东的静升镇。此院是我国清代民居建筑的集大成者，是由历史上灵石县四大家族之一的太原王氏后裔的静升王家，于清康熙、雍正、乾隆、嘉庆年间先后建成。

  王家大院的建筑，有着"贵精而不贵丽，贵新奇大雅，不贵纤巧烂漫"的特征。且凝结着自然质朴、清新典雅、明丽简洁的乡土气息。

  在古建范畴，它的艺术内涵可谓贯穿种种，无所不包。它们不仅是一组民居建筑群，而且是一座很有特色的建筑艺术博物馆。

王氏家族始建王家大宅

　　元朝年间，在山西省灵石县的静升地区，有一个务农兼卖豆腐为生的小商贩，他的名字叫王实。

　　由于他为人敦厚，加之技高一筹，因此生意十分好。生意好了他挣的钱也就越来越多，从此以后，他的手艺便一代传一代。

　　到了明清时期，由于一次偶然的机遇，王家曾经捐献24匹良马支持清政府，因而受到了康熙帝的褒扬，从此借助清政府的支持，王家的生意规模逐渐扩大，资本也日趋雄厚。

　　在王家兴盛期间，王家族人通过正途科考、异途捐保和祖德荫袭三条途径，仅五品至二品官就有12人，其中包括授、封、赠在内的各种大夫达42人。

　　因此，王家由原来最初的平民百姓发展成为了居官、经商、事农综合型的豪门望族了。据有关记载，王氏家族在明朝天启年间，经营的农业、工业和商业等均已步入了鼎盛时期。

　　在此前提下，由于王家受明清两朝提倡的大家庭礼制思潮影响，从明朝至清朝，王家一代又一代在外地经商或做官的族人，和其他官商大吏一样，为了实现不忘水源木本、光宗耀祖和炫耀门庭的宿愿，他们在拥有钱财权势之后，便不惜巨资在家乡富家滩镇沟峪滩村大兴土木，营造住宅、祠堂、坟茔和开设店铺与作坊等。

除此以外，王家还在当地办有义学，立有义仓，而且修桥筑路、蓄水开渠、赈灾济贫、捐修文庙学宫等，后又修建著名的王家大院。

王家大院始建于明末清初，鼎盛于清朝晚期，建筑布局非常严谨，风格典雅别致，是典型的明清四合庭院式建筑群。

王家大院最早的建造工作是从村西张家槐树附近开始。建筑工程开始之后，由西向东，从低到高，逐渐扩展，因而修建了明朝天启年间最庞大的建筑群"三巷四堡五祠堂"，其总面积达15万平方米以上。

其后，大院在清朝康熙、雍正、乾隆、嘉庆年间均有扩建，最后形成了拥有"五巷""五堡""五祠堂"的庞大建筑群。

这里的"五巷"分别是：钟灵巷、里仁巷、拥翠巷、锁瑞巷和拱秀巷。

"五堡"分别是：恒贞堡、拱极堡、和义堡、崇宁堡和视履堡。其中，恒贞堡又名红门堡，始建于1739年至1793年。拱极堡又名下南堡，于1753年建成。和义堡又名东南堡，与拱极堡同年建成。崇宁堡又名西堡子，建于1724年至1728年。视履堡又名高家崖，建于1796年至1811年。

至于"五祠堂"，现在仅有建成于嘉庆元年的孝义祠保存完好。另有主祠堂内建于1804年的戏楼幸存。

这"五巷五堡五祠堂"的庞大建筑群总面积达25万平方米以上。因此，在我国民间流传着一句"王家归来不看院"的俗语。也就是说，看过"王家大院"以后，别的院落就再不值得一看了。

之所以说王家大院在民居建筑中具有较高的地位，是因为"王家大院"在纵轴线上配置了主要建筑，然后再在主要建筑的两侧或对面布置了若干座次要建筑，这些建筑组合成了封闭性的空间，形成了标准的四合院，其模式符合民居广泛采用的四合院式的布局方法。

王家大院主体建筑采用了钢筋混凝土建造，但是内部却使用了大

量的红木、柚木、楠木等高档木材进行合理装饰。

王家大院在钢筋混凝土主体结构的修建中体现出了"穿斗、抬梁"的木构架体系,达到了建筑功能、结构和艺术三者的高度统一。因此,王家大院为我国民居建筑之最。

知识点滴

在王家大院所处的静升村,曾有"五里长街"和"九沟八堡十八巷"的说法,而王家至少占据了这里的"五沟五巷五座堡",共占地面积达25万平方米,甚至超过了占地15万平方米的北京皇家故宫。

当年,王家在修建红门堡、高家崖、西堡子、东南堡和下南堡五座堡群时,分别以"龙、凤、虎、龟、麟"五种灵瑞之象建造,以图迎合天机。

"龙、凤、虎、龟、麟,"即红门堡居中为"龙",高家崖居东为"凤",西堡子居西为"虎"。三者横卧高坡,一线排开,态势威壮,盛气十足。东南堡为"龟",下南堡为"麟",二者辟邪示祥,富有稳家固业传世之寓意。

院内保存完整的三大建筑

建筑规模宏大的王家大院,现在保存完整的建筑群有西大院、东大院、孝义祠三部分,共有大小院落231座,房屋2078间,建筑总面积

达45000平方米，是王家大院保存最为完好的建筑之精华。

西大院俗称红门堡，是一处十分规则的城堡式封闭型住宅群。俯视西大院，其平面呈十分规则的矩形，东西宽105米，南北长180米，整个大院只有一个堡门，一条主街。

其中，堡门开在南堡墙稍偏东的位置，正对着城堡的主街。西大院雄伟的堡门为两进两层，一方刻有"恒祯堡"的青石牌匾镶嵌在堡门正中央，因为堡门为红色，所以人们都叫西大院为"红门堡"。

堡墙外高8米，内高4米，厚2米多，用青砖砌筑。堡墙上有垛口。堡门外正对堡门的地方，有一座砖雕影壁。堡门左右及堡墙东北、西北角各有一条踏道可上堡墙。堡内南北向有一条用大块河卵石铺成的主街，人称"龙鳞街"，街长133米，宽3.6米。

主街将西大院划为东西两大区，东西方向有三条横巷，横巷把西大院分为南北四排。从下往上数，各排院落依次叫底甲、二甲、三甲、顶甲。一条纵街和三条横巷相交，正好组成一个很大的"王"字。

堡墙东北角和西北角各有更楼一座。堡内东南角、西北角各有水井一口。堡内共有院落27座，除顶甲为6座外，其余三甲均为7座，各院的布局大同小异，多数为一正两厢二进院，正面以窑洞加穿廊为主，顶层有建窑洞或建阁房的。

在西大院，大部分院落以南北中心线为对称轴，东西基本对称。也有一部分院落为偏正套院，院门偏在东南方向，院门内是一条较长的信道，信道西侧南端是通往前院的门，北端是通往后院的门。

王家大院，数经增建。西大院建成57年后，又修建了东大院，也就是高家崖。它始建于1796年至1811年，是一个不规则形城堡式串联住宅群。

这是王家十七世孙王汝聪和王汝成兄弟俩建成的本族最后一座古堡。据说，在明清以前，此堡所占土地为静升村中高家所有，且地名

亦随高家姓氏谓之高家崖，因此，后来虽被王家造堡征占，但旧地名依然在民间被沿用下来。

东大院的造型，传说是一只正欲飞舞的"凤"。仔细辨识，虽轮廓有些牵强，但也看得出几分相似。堡内共有大小院落35座，房屋342间，面积近2万平方米，是王氏家族现存宅院的精华，尤其是在建筑装饰艺术上，被誉为"纤细繁密"之典范。

整个东大院建筑规模宏大，结构严谨，大院因地布局，顺势而建，主要由3个大小不同的矩形院落组成：中部是两座主院和北围院；西南部是大偏院；东北部是俗称"柏树院"的小偏院。

东大院的四面各开一个堡门。东堡门位于主院前大通道的东端，是主门，门楼三层，巨幅石雕匾额上写着"寅宾"两字，功力深厚意为东方之神敬导日出。门前大狮子头大面宽，雄狮身佩绶带，象征好事不断，雌狮抚护幼狮，祝愿子孙昌盛。

南堡门开在主院前大通道的中间，装饰虽没有东门豪华气派，但简朴中含风韵，粗犷中有韵味。

北门开在小偏院的东北角，门楼高大坚固，供护堡人员出入。

西堡门开在大偏院的西南角，可以沟通西大院。这样，四通八达，出入畅通，极为方便。

南堡门外是一条长50米、宽3米的石板坡路，直通村中的五里后街。主院前的大通道长127米，宽11米，全部用青石铺成。大通道的南面是高高的砖砌花墙，墙内建有60多米长的风雨长廊。

东大院主体建筑是中部的两座三进四合院，一座是王汝聪的住宅区，另一座是王汝成的住宅区。

王汝聪的住宅区也称敦厚宅，大门位于东南角，是一座高拔挺立的鸡头门楼。门面为单间，门楼的装饰，以木雕和砖雕为主，木构件

上雕有琴棋书画和一些瓶、鼎器、皿及花草之类，两侧墀头、盘头上的砖雕图案分别为凤戏牡丹和神话人物。

门前台阶之上的两边是一对威武蹲踞的石狮子，为镇宅之物。

同大门相映成趣的是一块镶在墙壁上的大型石刻影壁。壁心是狮子滚绣球，背面是牡丹、荷花、菊、梅四季花卉，配以公鸡、鸳鸯、鹌鹑、喜鹊，寓意为"功名富贵，鸳鸯贵子，安居乐业，喜上眉梢"。

从石雕影壁西折，便是敦厚宅的前院，这里是主人的社交活动空间，按传统风水"坎宅巽门"修建，南房和东西厢房是佣仆居住的，北房则是高级过厅。

在北房过厅前走廊内有一幅浮雕，造型精细。第一层是平面阳刻团花底纹，第二层是主体物，有佛手、荷叶、折扇贝叶等吉祥物，第三层是琴棋书画等。

在这个三面檐廊的四合院里，当数上屋会客厅装饰讲究。屋宇三

间七架结构,明间大于次间,每间都装有隔扇门窗,外有帘架,架心依次雕有"指日高升""岁寒三友""玉堂安居"木雕图案。

厅前檐廊由雀替与额枋组成的三层高浮雕挂落,融吉祥花草、祥云蟒龙、琴棋书画、钟鼎彝尊等艺术图案为一体。

敦厚宅的后院为王汝聪的生活区,具有私密性、隐蔽性。

从前院进入后院有两个途径,一是出正厅后门,经过一个狭窄的条带小院进入;一是从前院东侧的小偏门出去,绕小巷北边的另一道门而入。

这后一道门是"条带小院",它把前院和后院既隔离又连接在一起,是一个过渡性空间。在此小院南面是一座两厅一院的三元书院。

三元书院又叫丽正书塾,是供少爷们读书的地方,厅舍不大,朴实简陋,没有任何华丽的装饰,是一处很适合读书的僻静所在。房子

分南北两厅，门枕石是老鼠拉葡萄，象征子孙兴旺，蔓延不断。

书房院后是一座七门三院的厨院，也就是王家人用餐的地方。这里有"内三外四"七道门。

那么，为什么会有七道门呢？这是说院内不同身份的人要走不同的门，而且在不同的餐厅吃饭，主人在后院楼上的高雅餐厅里，高等用人在中院，扛粗活儿的长工则是在三等院里。

敦厚宅后院的正面是五间窑洞，这是长辈们居住的地方，东西厢楼一层是儿孙居住的地方，二层是专为小姐设计的闺房。在正窑和厢窑间隔的东西两侧，是上绣楼的台阶。

主窑二层正窑是子乔阁，阁中供奉着太原王氏鼻祖王子乔的塑像。这种布局方式在清代封建社会宗法礼教的制度下，便于安排家庭成员的住所，使尊卑贵贱有等，上下长幼有序，内外男女有别。

敦厚宅后院的装饰和前院也基本相同，可以说是一座艺术殿堂。窑腿子上的石雕，是博古图案，分别有瓶、鼎、爵、尊，配以戟磬如意等民间杂宝，表示爵位高升，吉庆如意。

东西厢房石雕稍小，上面刻有琴棋书画、四季花卉，这里的木石砖雕，造型雍容大方，庄重严整、古色古香。

柱顶石上绘有佛家八宝、道家八宝、民间八宝和麒麟送子、狮子滚绣球，其中仙鹤表示长寿，四艺隐含儒雅，八仙表示神仙降临、万事亨通。整个院落可以说是片瓦有致、寸石生情。

东大院内的王汝成住宅区，也称凝瑞居或府门院，此院落与敦厚宅的建筑格局及功能大致相同，只是在部分建筑的形式上有所区别。最明显的差异是两座住宅大门的设置截然不同。因为王汝成的官做得比哥哥大，王汝聪官居五品，门楼看似高大，却为单间；王汝成官高一品，较之老大家，门楼虽低矮一些，但面阔三间，很有气派。

再者，王汝聪的宅居显得华丽张扬；王汝成的宅院虽含蓄低调，但文化积淀丰富，甚有品位。

凝瑞居主体建筑坐北向南，冬可敞南户，夏可开北窗。此院是严格按照封建等级制度建造的，呈中轴对称型，大门三间两厦，门前檐

柱上雕饰有佛手、仙桃和石榴，象征着多福多寿多子。

在此宅院的正门外是座精美单间双柱木牌楼。牌楼为悬山屋面垂花梁架，梁柱面雕琢繁冗，带有明显乾隆风格。牌楼上悬一匾，上书"桂荣槐茂"。与牌楼相对的是凝瑞居的大门，门额上面有一块写着"凝瑞"两字的匾额。

门前的门枕石、上马石、拴马桩一应俱全。柱子上的楹联为：

仰云汉俯厚土东南西北游目骋怀常中意；
沐烟霞披彩虹春夏秋冬抚今追昔总生情。

院内布局，由于大门开间设置之原因，与敦厚宅前院所不同的是没有南厅，但有两个对称敞亮的耳房，一左一右，与中间的府第门和仪门形成三间两厦结构，加之整体装饰连中有分，分连得体，看上去很有特色。

北面是高级客厅，高大雄伟、肃穆庄严，装饰虽少、分量却重。檐柱柱头有彩绘"出将入相"，大有"侯门深似海"的感觉。

檐前柱顶石，须弥座造型上下分5个层次，分别雕以鹿、兔、羊、猫、鹌鹑、大猴背小猴，寓意平安高寿、增福进禄、辈辈封侯。

客厅正面柱上的楹联为：

听汾思波涛天下唯心路须静；
望绵知崎岖世上岂蜀道才难。

凝瑞府客厅，上方一匾写有"诗礼传家"4个大字，寓意为："让儒家的经典和道德规范世代相传"。

客厅的后面是雕刻精致的垂花门，上面雕饰有凤凰牡丹、狮子滚绣球，门匾额上写"天葩焕彩"，是歌颂主人似初绽花蕾，光彩四射，也是对垂花门及后院绚丽多彩的精雕细刻艺术的赞美。

凝瑞宅后院，是主人居住和活动的院子，分两层，是下窑上房的

结构。

正面窑房的两柱上的楹联为：

邀造化孝祖先飞鹏起凤；
枕丘山面溪水卧虎藏龙。

窑门上方有一"德高望重"的匾额，寓意屋内住着王家的长辈。

凝瑞宅后院的结构和敦厚宅后院大致相同，也是一层为典型的窑洞住房，二层厢房为小姐绣楼。

这里的正窑顶层是祭祖阁，阁内装有神龛牌位和塑像，是专门供奉祖先阴灵的地方。

凝瑞宅后院没有敦厚宅后院宽敞，正面窑洞比老大家少了两孔，东西厢楼底层亦少了檐廊装置。这是为什么呢？

　　据说是弟弟不愿意超越兄长的缘故。但凝瑞宅后院的雕刻却比敦厚宅更加别具一格。院内无论墙基石还是墙壁，无论窗棂还是挂落、柱础石以及两侧绣楼台阶的石栏板等，都从不同侧面展示了古人精美绝伦的雕刻艺术。

　　其中最引人入胜的是分别筑砌于正窑和厢窑基座上的10块规格相同的墙基石，高1.6米、宽0.6米、厚0.3米，上面依次刻着五子夺魁、吴牛喘月、麒麟送子、飞马报喜以及"二十四孝"中行佣供母、乳姑奉亲等图案。

　　这些雕刻造型生动逼真，线条自然流畅，人物神采奕奕，具有很

强的立体效果,真可谓石雕艺术中的上乘之作。

同时,从正窑到厢窑的窗棂上,还有显露出其艺术魅力的木雕,有"一品清廉""喜鹊登梅""玉树临风""杏林春宴"等数幅图画组成的窗户小景,画龙点睛,使后室之内有虚有实,有情有景,情景交融,趣味横生。

不过,在凝瑞宅众多的雕刻艺术中,最为著名的还是养正书塾的石雕门框。

养正书塾在凝瑞居厨院的南侧,是主人生活区和连接前后主院必经的中间小院。

书院窑门两旁柱子上的楹联为:

万卷诗书四时苦读一朝悟;

十年寒窗三鼓灯火五更明。

在书塾窑门两侧,还各有一个有趣的石雕,石础基上的石雕形象是两只大小猴子,它们都紧捂着耳朵,寓意为"两耳不闻窗外事,一心只读圣贤书"。

在书塾内,有被誉为国内石刻艺术极品的石雕门框。它是用4块青石相拼而成的。

底部寿石盘根,两侧竹竿节节拔高,顶部松竹梅高低错落,交相辉映,上面有一只喜鹊,像是在叽叽喳喳地报着喜讯。

此石雕门框构图完整,造型奇特,形神兼备,创意绝佳,颇有明代学者解缙"门前千竿竹,家藏万卷书"的意蕴。

据说,曾有一位南方商人愿意以一辆小轿车的高价换取它呢!

养正书塾内十分幽静,关上院门就会隔绝外面的喧嚣,有与世隔绝之感。书塾中不但摆设雅致,还用一些对联等文字加以烘托,如:

东壁图书府；
西园翰墨林。

勤能补拙课子课孙先课己；
学可医愚成仙成佛且成人。

　　东大院西南部的大偏院是由两座花园式庭院组成的，一座是王汝聪兄弟俩共同所有的桂馨书院，另一座是王家的花院"叠翠轩"。

　　桂馨书院为王家高级书斋，分前、中、后三个院，其建筑特点与两主院大相径庭。

　　整座书院房屋低矮，阳光充足，院落杂错，连环紧套。外观极其平淡简朴，毫不引人注目。然而，当走进简陋的小门后，却是另外一番天地。

对称的"映奎"月洞门和"探酉"月洞门，与门匾刻有"桂馨"两字的正门鼎立呼应，前院十字花径，东西沟通月洞门，南北连接廊亭与后院。

在这块幽雅别致的小天地里，南面廊亭下珍存着12块双面书法石刻，俗称"石书"。上面的笔迹出自王家第十五世王梦鹏之手。

由前院到后院正屋，要经过三级台阶，寓有"连升三级"之意。

后院分上下两院，由一道女儿墙相隔，中央台阶两边紧贴隔墙的望柱为"辈辈封侯"雕刻，底座是浅浮雕"渔樵耕读"四逸图，为简洁朴实的书院涂染了富有教化意味而传神的一笔。

在此书院西边，便是花院"叠翠轩"，在此院落的西南角西堡门顶上有一瞻月楼，洞门上有"云桥"两字。瞻月楼上有一亭名为"瞻

月亭"。亭中有两联，其一是：

欣临亭中品茗醉；
稳坐台上对弈迷。

其二是：

仰观碧落星辰近；
俯瞰尘寰栋宇低。

挺拔俊秀的瞻月亭，斗拱叠出、飞檐四挑，亭基是砖砌玉壁，台阶是石雕栏杆，是花院的主要景观之一。

穿过亭下的垂花门，门内有石雕垂带踏跺，上面是月洞门，如同云梯托着一轮明月冉冉升起。

进月洞门内是一个不足20平方米的小院，里面有三间小窑洞，这

里是花房和花窑。

在正窑与厢房之间，有东西两个砖券小洞门，东洞门平直通向桂馨书院的后院，西洞门比东洞门高出两级台阶，里面隐藏着一个不大的精舍小院，如果不留意，是很容易被忽略的。

据说，花院和精舍小院过去常年陈设着四季花卉，专供家人茶余饭后赏玩消遣，尤其是僻静幽深、藏而不露的精舍，还是主人怡心养神和著书立说的最佳地方。

此外，在花院大门旁的屋内有一个地窖，明为花窖，实为暗道，是用来防御不测的。一旦堡内被兵燹或歹人围定，便可由此逃走，避过劫难，化险为夷。

在东大院内除中间的两座主院和西南部的大偏院，东大院主院正北的后院还有一座由一排13孔窑洞组成而又分隔为4个小院的护堡院。

整个东大院和西大院东西对峙，一桥相连，其总的特点是：依山就势，随形生变，层楼叠院，错落有致，气势宏伟，功能齐备，基本上继承了我国西周时即已形成的前堂后寝的庭院风格。

再加上匠心独运的砖雕、木雕、石雕，总体看起来装饰典雅，内涵丰富，实用而又美观，兼具南北情调，具有很高的文化品位，是国内目前不可多见的传统民居建筑。

在位于东大院和西大院之南，与两座城堡建筑呈品字形排列的是王家大院的孝义祠，也称王氏宗祠或王家祠堂。

孝义祠包括孝义坊和孝义祠两部分，是为乡举孝义王梦鹏而建的。据说，王家当年有牌坊15座，仅有孝义坊保留下来，始建于1786年。

这座青石牌坊是孝义祠较有气势的建筑。高大的三间四柱牌坊，

前后共有10只石狮抱鼓，呈俯卧状，很有气势。

孝义祠建于1796年，分上下两层，总面积428平方米，楼上为祭祖堂、戏台，楼下陈列王家宗祠、坟茔模型以及记载王梦鹏一生善行的立体雕塑，艺术价值极高。

由于王家的老祖宗王实是靠卖豆腐发家的，为此，在王家大院里，王实用过的卖豆腐的扁担一直作为王家的宝贝，被放在王家的祠堂内。而且，在王家的西大院内，还保留有醋坊和豆腐坊。

王家祠堂作为王氏先祖灵魂栖息的家园，已有数万名海外王氏后裔相继到此观光并拜祖敬香。

知识点滴

据说，王家大院的红门堡本名恒贞堡，那么，为何又叫红门堡呢？这里有一则趣闻。

传说，恒贞堡内的"平为福"院建成之后，院主人王家十六世孙王中极，为图大吉大利，听信阴阳先生，将大门漆为红色，不料有人告发其犯上，惹来了祸端。

好在王家朝中有人，消息灵通，在朝廷查办人员到来的前一天夜里，王中极已将大门改漆为绿色，免去了一场祸患。

从此，恒贞堡便有了红门堡的俗称。

大院的建筑装饰和文物

从明万历年间至清嘉庆十六年,静升王氏家族的住宅随其族业的不断兴盛,在村中,由西向东,由低到高,不断延伸,渐修渐众,营造了总占地面积25万平方米之巨的王家大院建筑群体,远比占地15万平方米的北京皇家故宫庞大。

这座古老的建筑群不仅是清代民居建筑的集大成者,还是一座具有精美装饰的建筑。

王家大院建筑装饰的典范,主要体现在屋面、建造外和建造内三部分上。

通常屋面建筑中的屋顶为一栋建筑物的帽子,因此在装饰上也很有讲究。王家大院内很多房子采用的是鹿纹瓦当,其材料为小青瓦。

鹿被看作善灵之兽,可镇邪。鹿又象征长寿,"鹿"与"禄"谐音象征富贵,故蝙蝠、梅花鹿、寿星合起来叫作"福、禄、寿三星"。

但是,不同的精美图案各有不同的意义,龙凤象征夫妻恩爱,松鹤象征长命百岁,蝙蝠象征福运将至,凤凰牡丹象征富贵安康,鲤鱼跳龙门象征仕途通达。

王家大院中山墙顶部的山尖通常做成"五花山墙"。这种山墙是传统的建筑形式之一。在悬山山墙上部,是随排山各层梁及瓜柱而呈现阶梯形结构。

它随屋顶的坡势层层叠落。一般迭落两三次,每层在墙头上用小青瓦做成短檐和脊,脊上青瓦竖立排列,尽端处起翘反卷。脊下两侧

是短短的瓦垅，沟头滴水，一应俱全。这种逐层迭落的山墙被当地称之为"三花山墙"或"五花山墙"。

其中，五花山墙最重要的功能是防火，以免一间房子失火，殃及附近住宅，所以"五花山墙"别称"封火墙"或"风火墙"。

王家大院的建造外是指其四合院外墙面装饰。"王家大院"外全部采用石材雕刻装饰，包括屋柱、窗等。牢固耐用，内外对承。

王家大院的建造内是指其四合院外墙内的装饰，包括除"大木构架"以外的木构件，如梁枋、楣罩、琴枋、雀替、擎檐撑、门、窗、罩、栏杆和裙板等构件。这些木构件一般使用驱邪祈福的图案较多。

其中，以人物为题材的有蟠桃盛会、文王访贤、麻姑献寿、郭子仪上寿图等。以祥禽瑞兽为题材的有龙、凤、狮子、麒麟、鹿、鹤、喜鹊、蝙蝠、松鼠和鱼等，并组成丹凤朝阳、狮子滚绣球、五蝠捧寿、凤穿牡丹、喜鹊登梅图等。

但王家大院内的房屋装饰以暗八仙和佛八宝为题材的较多,其寓意为求仙得道。洞门和窗格也有以宝瓶形和葫芦形的洞门,寓意为平安、多子多福和吉祥。

据传,王家大院选用宝瓶和葫芦形状为洞门,是因为"瓶"的谐音为"平",因此宝瓶形洞门象征平安。

葫芦为八仙之一铁拐李的法器,又是传统画老寿星手中之物,葫芦繁殖力很强,结果时十分繁茂,有"多子多福"的象征意义,葫芦被民间视为吉祥物,因此葫芦形洞门具有多子多福和吉祥之意。

王家大院的窗格图案以绵纹和动植物相配合而成,如梅花和竹衬以冰裂纹,象征春天到来,万物生机勃勃。

王家大院的装饰意义广泛,因而"王家大院"被象征为商人的精神世界和处世哲学。同时,它也有别于其他的古典园林,还被象征为文人的精神世界。

在王家大院中,最能体现文人精神世界的就属其匾额了,在整个大院中,凡堂必有楹联,凡门户必有匾额。其质料大多数为木材质,少数是砖石刻成。它们诗书气华,无一雷同,字数寥寥,意境悠远。

所有匾额不仅增添了宅

院的儒雅之气，还赋予每幢院落妙不可言的精魂神韵，驻足品味，令人叫绝，其书写有行书、隶书、篆体、章草；其造型有竹型联、秋叶额、书卷额、折扇额。

其内容，或颂德，或言志，或垂教，如"映奎"、"桂馨"，期盼科考顺利，出类拔萃；"观我""视履"，警示个人要时刻规范自己的行为；"就日瞻云"夸示谒见皇帝之荣耀等。

这些形制不大的装饰品仿佛无处不在的精灵，多少年来，默默地以不同的形态点缀在这古朴而堂皇的王家大院，作为文化的象征，使得以商发家的王家有了品位。

在王家大院，除了这些与众不同的建筑装饰，还有一批珍贵的文物珍藏品。包括明清时期著名书画家郑板桥的手书楹联，祁隽藻的门匾，傅山与刘墉的条幅，唐伯虎与文征明的绘画，翁方纲的石刻、木匾等。这些名人真迹之所以见之于王家，与其家族的历史背景有着密切的关联。

据《王家族谱》中记载，王家在清康乾嘉鼎盛时期，在外为官者与上流社会及书画名家多有来往，而且过从甚密。故而，在当时求得几幅名家墨宝自在情理之中。这些藏品，有的木匾、石刻仍在门额上镶嵌着，有的存放在展柜里供游人参观。

从价值意义上看，它们虽经历了两三百年时日的侵蚀，但魅力依然，价值更高。

同时，在王家的西大院内，还有一批珍贵的明清家具，造型简洁，雕刻精美，充分展示了优质木材的质地、色泽和纹理的自然美。

另外，在王家大院内还有很多从当时保留下来的奇花异草，它们主要有丁香、金桂、银桂、榆叶梅、海棠、山桃花、夹竹桃、杜鹃花、栀子等。树多为枣树、槐树和石榴树。

这些植物不仅为王家大院增添了不少的活力和生命，还成为王家

大院里不可或缺的重要组成部分。

在王家大院中,不仅有着古老的奇花异草,而且还有着"贵精而不贵丽,贵新奇大雅,不贵纤巧烂漫"的建筑,因此在古建范畴中,王家大院的艺术内涵可谓贯穿种种,无所不包,继而更是有着"民间故宫"和"山西的紫禁城"的美名之称。

知识点滴

在王家大院内珍贵的物品中,有两件稀世之宝:一件是"大清万年一统天下全图";另一件是清光绪年间的一张组合式红木雕花"龙凤床"。

据考证,前者除北京故宫和王家所存之外,目前在国内还没有再发现。后者被国家文物部门鉴定为上品级的重点文物,现在已被视为王家大院的镇宅之宝。

这两件珍贵的文物是王家珍藏的精华。

乔家大院

　　乔家大院位于山西省祁县乔家堡村。此院属于全封闭式的城堡式建筑群，建筑面积约4100平方米，分6个大院，20个小院，共计313间房屋。

　　乔家大院闻名于世，不仅是因为它有作为建筑群的宏伟壮观的房屋，更主要的是因为它在一砖一瓦、一木一石上都体现了精湛的建筑技艺。

　　此院始建于清朝乾隆年间，以后曾有两次增修，一次扩建，经过几代人的不断努力，于20世纪初建成一座宏伟的建筑群体，集中体现了我国清代北方民居的独特风格。

乔贵发之子始建乔家老院

　　我国山西素有"中国古代建筑博物馆"之称。全省现存有大量明清时期的民居建筑，它们大都集中在晋中的祁县、平遥、太谷、介休一带。这些深宅大院不仅是当时富商大贾的宅第，也是显赫一时的晋

商的历史见证。

在这些著名的晋商大宅中,位于山西省祁县乔家堡村的乔家大院就是其中的一个代表。

不过,虽然乔家大院也是商人修建的,但其实,乔家的祖上并不是商人。据说,乔家大院第一代创建人乔贵发最开始只是乔家堡村的一个村民。

乔贵发在很小的时候就孤苦伶仃,既无房屋田产支撑,也无兄弟亲朋帮衬。无奈的他不得不寄食于祁县东观镇舅舅家中。

不幸的身世,让乔贵发自小便跟随外祖父和舅舅一起推磨做豆腐、卖豆腐。几年后,乔贵发长大成人,在本家侄儿的婚礼上,因为无钱无势,被人侮辱,他决定发愤图强,活出个样来。

当时的祁县贾令镇位于官道要冲,是南来北往的商队、驼队的必经之处,乔贵发便随这些商驼队踏上了走西口的征途。

他与清徐的一个姓秦的小伙子一起在一个杂货铺打工,由于他们

的勤快和好学，受到老板赏识，教会了他们很多经商之道。

后来他们有些积蓄，就开了一个草料铺。有一年是个丰收年，粮价跌落，黄豆价格尤其低，他们便趁机购存大批黄豆。不料第二年黄豆紧缺，价钱不断上涨，他们便将黄豆抛售出去，获利颇丰。于是利用这笔资金，他们开设字号，名为广盛公。

后来，因为管理的滞后，有些亏损，经过3年的整改，终于有了新的起色，从此奠定了乔家大院修建的经济基础。

在乔贵发发家致富期间，他不仅娶了妻子，还生养了3个儿子，这3子分别为乔全德、乔全义和乔全美。这3个儿子长大后，不仅各自成了家，还在乔贵发的家乡乔家堡村各自成立了自己的商业字号。

老大乔全德在乔家堡村西成立了"德兴堂"，老二乔全义在村东成立了"保元堂"，老三乔全美则在村中央成立了"在中堂"。

后来，乔家老大和老二的"德兴堂"和"保元堂"由于经营不善渐渐衰落了。而老三乔全美则秉承其父乔贵发的创业宏愿，致力于拓展家业。

到乾隆年间，乔全美还用赚得的钱，买下了村内十字路口东北角的几处宅地，并亲自组织人员盖起了一座硬山顶砖瓦房结构的楼房，修成了乔家大院的第一座院子，成为大院的第一位创始人。

乔全美修建的第一座主楼属于砖木结构，有窗棂而无门户，在室内筑有楼梯，其建筑特点为墙壁厚，窗户小，坚实牢固，为"里五外三"院落。

这座院落人称"大夫第"，位于后来的乔家大院内北面的第一院落，又被人们称为"老院"，是一座晋中一带典型的穿心楼院。

老院共由一座跨院、两座外内正院和两座外内偏院组成。大院的大门面阔3间，门上雕有4只狮子，寓意"四时平安"。在大门的门额上，有一块写着"大夫第"的牌匾。

进入大门后，便是老院的第一进院外跨院。院内正面的第一个建筑是一幅大型砖雕影壁。

影壁楹额上书"福德祠"3个字。字的下面雕着的是紧紧连在一

起的铜镜和铜钱串,寓意着"光明富贵""富贵连环"。

在铜镜和铜钱的下面一行砖雕中,雕刻着表达吉祥如意,福寿双全等美好愿望的吉祥图案:

顶端雕有4只狮子,"狮""时"谐音,意为四时平安,中间雕有几件法器戟、磬、如意,意为吉庆如意;正中偏上是芙蓉树,暗喻福如东海,上面的石雕为寿山石,暗喻寿比南山;六只鹿,"鹿""陆"同音,寓意为"六时通顺"。

在这些砖雕的两边,还有一副对联:职司土府神明远;位列中宫德泽长。这福德祠又称"土地祠",是用来供奉土地爷的,在影壁下部有一个摆放土地爷的小龛。福德祠的寓意为"门迎百寿,院纳福德"。

此影壁还有两种用途:一是起装饰作用,二是可以镇宅辟邪。在此影壁右边,是一座写有"馨德昌馥"牌匾的房子。从此房子进去,便是老院的外偏院。

在影壁的左边,是老院外正院的门楼,门楼的匾额上,有一块写有"毋不敬"字样的匾额。

此门楼后面,便是老院的二进院,乔全美请人最先修建的那个里五外三的穿心楼院。进入此楼院,需要连登三级台阶,高约为1米,寓意为步步登高。

从"毋不敬"门楼进入,便是老院的内正院,也就是老院的第三进院。此院正房是一个二层的小楼，楼上有窗而没有门，人们把这种楼称为统楼，所以此院子也被称为统楼院。

此楼上方有一块牌匾"为善最乐"，这正是乔家老爷的座右铭。据说，这正房是乔家人用来会客的，房间的墙壁厚度约为1.2米，是仿照过去的窑洞修建的，所以有冬暖夏凉的优点。

三进院正房旁边的东西厢房分别是书房和卧室。其中，书房的正门处挂着一块写有"会芳"字样的匾额，匾额上的檐饰为莲花造型，寓意"出淤泥而不染"之意。门前两旁的木柱子上还有一副对联：

宽宏坦荡福臻家常裕；
温厚和平荣久后必昌。

意思是：教育乔家后代做人要宽宏坦荡，才能事业有成，并要待人温厚和平，才能永葆家业长存、昌盛永远。

知识点滴

传说，在乔家老院的偏院外原有个五道祠，祠前有两棵槐树，长得离奇古怪，被人们称为"神树"。

乔家取得这块地皮的使用权后，原打算移庙不移树。后来乔全美在夜间做了一个梦，梦见金甲神告他说："树移活，祠移富，若要两相宜，祠树一齐移。往东四五步，便是树活处。如果移祠不移树，树死人不富……"

果然，在迁移祠堂没多久，这棵树便奄奄一息，乔全美心想恐怕是得罪了神灵，于是他便照着梦中神仙所指示的地方，把树移了过去，这棵树被移去没多久果然就复活了。于是，乔家又在侧院前修了个五道祠。

乔致庸买地扩建三大院落

　　1818年,乔家大院的创始人乔全美的第二个儿子出世。乔全美为这个儿子取名为乔致庸。

　　乔致庸长到几岁后,他的父母便因病去世了,为此,他便由自己

的兄长乔致广抚育长大。到少年时，乔致广因病去世，乔致庸只好弃学从商，开始掌管乔氏家族生意。

在乔致庸执掌家务时期，乔氏家族事业日益兴盛，成为山西富甲一方的商户。其下属"复字号"称雄包头，有"先有复盛公，后有包头城"的说法。另有"大德通""大德恒"两大票号遍布我国各地商埠、码头。

至清末，乔氏家族已经在我国各地有票号、钱庄、当铺、粮店200多处，资产达到数千万两白银。乔致庸本人也被称为"亮财主"。

19世纪末，由于连年战乱，大量白银外流。晚年的乔致庸为了保留乔家的钱财不被外流，于1862年在老院西侧隔小巷置买了一大片宅基地，大兴土木，对乔家大院进行了大规模的扩建，成为了乔家大院的第二代创建人。

乔致庸命人在老院的后面盖了一座同样是里五外三格局的楼房院，与老院形成了两楼对峙的格局。

这座楼房的主楼为悬山顶露明柱结构。主楼的楼门采用通天棂门，门楼的卡口是南极星骑鹿和百子图木雕。上有阳台走廊。上得走廊，前沿有砖雕扶栏，正中为葡萄百子图这象征着家族的兴盛，意思是"葡萄百子，一本万利"。

往东是奎龙和喜鹊儿登海；西面为鹭丝戏莲花和麻雀戏菊花，最上面为木雕，刻有奎龙博古图。站在阳台上可观全院景色。

由于两楼院隔小巷并列，且南北楼翘起，故叫作"双元宝"式。

这座主楼竣工9年后，乔致庸又亲自主持乔家大院的第二次扩建。这一次，乔致庸在两楼院隔街的南面买地，在与两楼隔街相望的地方建筑了两个横五竖五的四合斗院，也就是后来的东南院和西南院。

如此一来，这四座院子正好占了街巷交叉十字路口的四角，奠定后来连成一体的建筑格局。

乔致庸主要修建位于老院后面的院落，又名"在中堂"，也被称为西北院，是乔家大院北面的第二个院落。

和老院一样，此大院也是由一座跨院、两座外内正院和两座外内偏院组成。

大院的大门也是面阔3间，只不过，在此大门的门额上，挂着一块写有"中宪第"的匾额。

在大门内便是西北院的外跨院，在这个跨院内，便是里面的穿心楼院的门楼。

门楼上有一块匾额，写着"在中堂"3个字，取意为"不偏不倚执用之中"。

门楣上雕刻有"福禄寿"三星，两边有八骏的雕刻，这说明主人希望后代子孙都有所作为。

在此大门两边的木柱上，还有一副对联：

传家有道唯存厚；
处世无奇但率真。

进入此门楼，便是西北院的二进院外正院。

院内有一间"碧琳"厢房，大门两旁木柱上的对联写道：

瑞日芝兰光甲第；
春风棠棣振家风。

在二进院后面，便是西北院的内正院。内正院的门楼匾额为"颐养堂"，门匾周围和雀替上的木雕非常精美。这个门楼的后面，就是一个悬山顶明柱结构的明楼院，二楼是有门有窗的，相对于老院的内院正楼来说，它的建筑结构与风格就十分讲究与先进了。

据说这是为乔致庸所建居住之所，是乔家大院最宏伟气派的院子。二楼匾额为"光前裕后"，楼下的匾额为"怡静"。两边楹联为：

风采麟祥缵前修而振武；
绿槐丹桂基世德以流芳。

当年，乔致庸不仅修建了这座西北院，还建成了乔家大院南边的两个院子。其中，东南院也称乔家大院的二号院，此院的大门匾额为"敦品第"。匾额周围的木刻非常精美。

在此院的大门内也有一座用来供奉土地爷的"福德祠"影壁，影壁上是一些如同钱币的刻画。影壁上，有一副对联写着：

位中央两贤化育；
配三才以大生成。

在这个影壁后面，是东南院的偏院。在偏院的旁边，才是东南院的正院。在这个院内，有"静宜"和"思退"等房间。

东南院与又名第三院的西南院是一个双跨院，可以直接穿过东南院进入西南院。

这西南院又称三宝院，大门上面匾额为"芝兰第"，此院里面主要放着乔家大院的三大宝物。

正房内的第一件宝物叫作犀牛望月镜，是用东南亚铁梨木雕刻而成的，平时人们所见的木头都是密度小于水的，所以放在水里会漂浮起来，而东南亚铁梨木的密度则很大，它会沉在水底，200年来，镜子影像清晰，结构完美。

东厢房中的第二件宝物叫作万人球。这是个圆球形的镜子，无论有多少人在房中，也无论站在哪个角度，都可以在镜子里找到自己，而且映像十分清晰，不会变形，所以叫万人球。

这万人球是清代遗物。据说,当时它有一个重要用途，就是起监视的作用。当时乔老爷把它挂在正房的窗外，老爷经常会与掌柜的商讨商业事宜，它正是起到一个监视的作用，防止有人在外面偷听。

第三宝就是悬吊在西厢房的两盏"九龙灯"。

九龙灯是用珍贵的乌木制作的一对八角形宫灯。因为灯上共雕有九条龙，所以称"九龙灯"。据说，这对九龙灯是当年慈禧西逃时赐给乔家的，乔家还因此向慈禧贡献了30万两白银。

九龙灯做工极为精巧，高0.9米，上刻9条蟠龙，其中的8条分上下两层呈"卐"字形排列，中以一轴贯通，为乌木精雕而成，龙身经过特殊设计，可以变换姿势自由转动。

灯主体由4幅画质精美的风景画组成，点燃蜡烛，九龙灯好似九龙戏火，十分奇特。在我国，只发现了这两盏九龙灯，可谓"独二无三"。

再说乔家第三代乔致庸，他在世时的主要成就是，扩建了规模庞大的乔家大院，因为当时他居住的西北院又名在中堂，为此，后人也称乔家大院为"在中堂"。

知识点滴

据说，在乔致庸对大院进行第二次扩建时，需要拆除大院南边的堡门祠堂。

那是乔家堡王姓家族的社庙，其旁边还有两棵挺拔苍翠的椿树。王姓家族对此十分珍爱。尤其是庙旁那两棵茂盛的椿树，他们认为这是王家人丁兴旺的象征。而乔家要扩建大院，就必拆庙毁树。

乔致庸想了很多办法，最终使王姓家部分人同意，但另外还有一些反对的王家后人。

乔致庸为避免这件事损坏乔家的名声，便决定在小巷的东口修一座三官庙。此庙坐东朝西，比原来的社庙造价要高出许多倍，庙门之内还留下一个小天井。对此，王姓家族的人也就不再说什么了。

更为神奇的是，原来社庙旁曾砍掉两棵大椿树，三官庙修成之后第二年，小庙天井中竟也长出两棵椿树。没有几年，树冠便超过院墙。令人叹为观止的是，两棵椿树树身是分开的，而树冠却抱在一起。从庙外看恰似一棵树。这两棵树在王家人的保护下生长了好多年。

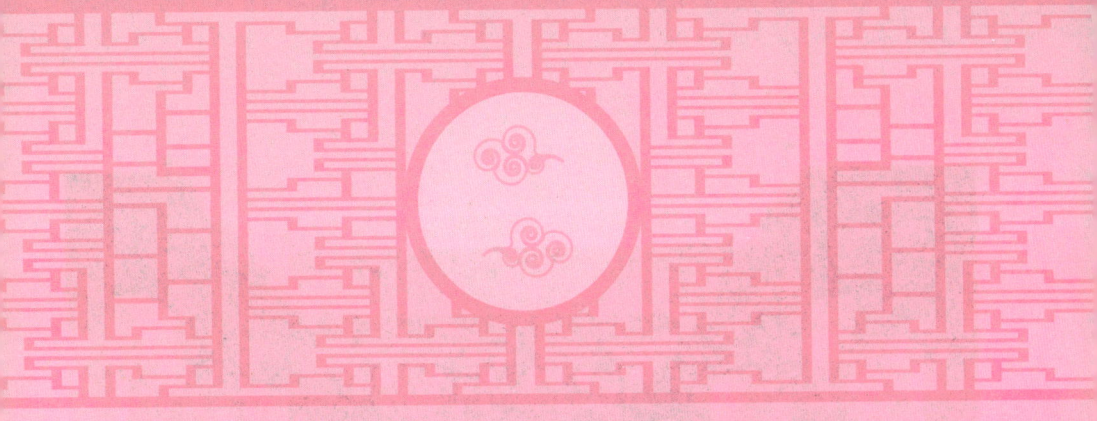

乔家后人陆续建成其他建筑

据说,乔家大院的第二位创始人乔致庸有6个儿子,当乔致庸去世后,他的二儿子景仪和三儿子景俨又在父亲扩建的大院上,继续扩建大院。

当时正是清朝的光绪中晚期,乔家人花了很多银两,买下了当时街巷的占用权。

乔家取得占用权后,把巷口堵了,小巷建成西北院和西南院的侧院;东面堵了街口,修建大门;西面建祠堂;北面两楼院外又扩建成两个外跨院,新建两个芜廊大门。跨院间有栅栏通过,并以拱形大门为过桥,把南北院互相连接起来,形成城堡式的建筑群。

到20世纪初,由于乔家人口增多,住房显得不足,因而乔家人又购买地皮,向大院西部继续扩建。

组织此次大院扩建的负责人是乔景仪的儿子乔映霞和乔景俨的儿子乔映奎,他们又在紧靠西南院的地方建起了一座新院。

格局和东南院相似,但窗户全部刻上大格玻璃,西洋式装饰,采光效果也很好,显然在式样上有了改观。就连院内迎门影壁雕刻也十分细致。

与此同时，西北院也由乔映霞设计改建，把和老院相通的外院之敞廊堵塞，连同原来的灶房，改建为客厅。还在客厅旁建了浴室，修了"洋茅厕"，增添了异国风情。

经过一系列的扩建后，乔家大院最终形成了后来的格局。这是一座雄伟壮观的建筑群，整个大院位于祁县乔家堡村正中。从高空俯视院落布局，大院的房屋看起来很像一个象征大吉大利的双"喜"字。

整个大院占地8724平方米，建筑面积3870平方米。分6个大院，内套20个小院，313间房屋。大院形如城堡，三面临街，四周全是封闭式砖墙，高三丈有余，上边有掩身女儿墙和瞭望探口，既安全牢固，又显得威严气派。

乔家大院依照传统的叫法，北面3个大院从东往西依次叫老院、西北院、书房院。南面3个大院依次为东南院、西南院、新院。这样的称谓，表现了乔家大院中各个院落的建筑顺序。

进入乔家大院，最先看到的是一座大门，这座大门坐西向东，为拱形门洞，上有高大的顶楼，顶楼正中央悬挂着山西巡抚受慈禧太后赠送的匾额，上书"福种琅环"4个大字。并且在黑漆漆成的大门上还装有一对椒

图兽铺首，大门两边镶嵌着铜底板对联一副：

子孙贤，族将大；
兄弟睦，家之肥。

对联的字里行间透露着大院主人的希望和追求，也许正是遵循这样的治家之道，乔家经过连续几代人的努力，达到了人丁兴旺、家资万贯的辉煌成就。

在大门顶端的正中央镶嵌着一块青石，青石上写有"古风"2个字。雄健的笔法同这两个字所代表的承接古代质朴生活作风的本意相得益彰，发人深省。在大门对面的影壁上，还刻有砖雕"百寿图"，青砖为底，阳刻鎏金，纵横各10个字，共100个"寿"字形态各异，无一雷同，一字一个样，字字有风采。

影壁两旁是清朝大臣左宗棠题赠的一副意味深长的篆体对联：

损人欲以复天理；
蓄道德而能文章。

横批是"履和"。这副对联同作为巨商大贾的乔家所秉承的"和为贵"的中庸之道是很相称的。

进入大门，是一个长长的甬道。甬道把6个大院分为南北两排，南面三院为二进双通四合斗院，硬山顶阶进式门楼，西跨院为正，东跨院为偏，中间和其他两院略有不同，正面为主院，主厅风道处有一旁门和侧院相通。整个一排南院，正院为主人所住，偏院为花庭和用人们住宿的地方。

南院每个主院的房顶上盖有更楼，并配置修建有相应的更道，把整个大院连了起来。

北面3个大院均为开间暗樑暗柱走廊出檐大门，便于车子、轿子出入。大门外侧有拴马柱和上马石阶。从东往西数，一二院为三进五联环套院，是祁县一带典型的里五外三穿心楼院，里外有穿心过厅相连。里院北面为主房，二层楼，和外院门道楼相对应，宏伟壮观。

在甬道西边的尽头处是雕梁画栋的乔氏祠堂，此祠堂与大门遥相呼应。乔氏祠堂的装饰十分美观大方，三级台阶，庙宇结构，以狮子头柱、汉白玉石雕、寿字扶栏、通天棂门木雕夹扇。

出檐以四根柱子承顶，两根明柱，两根暗柱，柱头有玉树交荣、兰馨桂馥和藤萝绕松的镂空木雕。并且，在整个祠堂内还陈列着木刻精雕的三层祖先牌位。

在祠堂南边，便是由乔映霞和乔映奎组织修建的新院。此院也称商俗院，正门的匾额上为"承启第"。在正门后面，有一座著名的知足阁，阁中，有乔家砖雕精品之三的砖雕影壁。

砖雕全文，据说是出自南宋哲学家、文学家吕祖俭编著的《宋文鉴》，由乔家女婿晋中著名书法家赵铁山书写。

影壁上面精美的雕花门罩，匾额上面的字为"知足阁"。在此影壁旁，还有一份"省分箴"石刻，据说也是赵铁山所写。

这个院子由偏院、正院和眺楼组成。在建筑风格上处处体现出了乔映霞留学所带来的先进技术，如正房的窗户有欧式的风格。

此外，这里还有很精美的砖雕。在门楣上方的砖雕，正中是一个香炉，上面还坐了一个小孩，寓意为香火旺盛，两边分别是琴棋书

画，乔家人希望自己的子孙是多才多艺，琴棋书画样样精通的；两边分别是钟和表，教育乔家的后代子孙要懂得一寸光阴一寸金，要珍惜时间。

在东厢房上，还有一个更有意思的雕刻，中间小的玻璃窗户格子上方，有一列火车正在桥上行驶，还冒着烟，据说，这是乔映霞当年把在外国看到的火车凭借自己的印象雕刻到这里的。

正对着这座新院的建筑群便是乔家大院内最后完成的建筑——花园院。

据说，乔家人本打算把这修成一座书房院，但由于种种原因，最终没有修成，最后便成了一座花园。院大门匾额为"钟灵毓秀"，院内有假山池塘，小桥流水，还有一个亭子，供人自由浏览。

在乔家大院中无论是房间还是乔氏祠堂，在屋檐下部都有真金彩绘，内容以人物故事为主，除"燕山教子""麻姑献寿""满床笏"和"渔樵耕读"外，还有花草虫鸟以及铁道、火车、车站、钟表等现代图案。

这些图案，堆金立粉和三兰五彩的绘画各有别致。彩绘所用金箔，纯度相当高，虽经长期风吹日晒，但仍是金黄闪闪。这些彩绘的立粉工艺十分细致，须一层干后再上一层，这样层层堆制，直到把一件饰物逼真的浮雕制成为止，最后涂金。

涂金可保持经久不褪，色泽鲜艳，因其太薄，必须挑选晴朗无雨无风的天气，才能进行操作。由此可见，乔家大院屋檐下部的金彩绘，真可谓我国具有代表性的一件彩绘作品。

乔家大院之所以引人注目，不仅和建造结构、院落布局、彩绘工艺有关，还和修建房屋时的细节是分不开的。尤其是各种各样的雕刻技艺可谓巧夺天工。

在乔家大院内，随处可见精致的彩绘工艺和巧夺天工的木雕艺术品。木雕的雕刻品个个都有其民俗寓意。每个院的正门上都雕有各种不同的人物。

总之，乔家大院的建筑技艺，充分体现了我国清代民居建筑的独特风格，具有相当高的观赏、科研和历史价值，确实是一座无与伦比的艺术宝库。

知识点滴

据说，在乔家大院的地下，还有著名的九曲下水道和百年的乌龟。

当年，为了大院内下水道的修建，乔家人可谓费尽了心思。

他们把下水道建得曲曲折折的，并不是直道，意思就是怕福气和财气一泄而光。但是，曲折的下水道会造成堵塞，怎么办呢？

乔家人就在下水道的每一个拐角处都放了一只乌龟，这些乌龟可以帮助疏通淤塞。

这些乌龟至今仍然存在，它们至少有300年以上的寿命，如今还在辛勤地工作着。

皇城相府

　　皇城相府位于山西省东南部的晋城市北留镇境内,是清康熙年间的名相陈廷敬的故居,又叫"午亭山村"。

　　皇城相府建筑群分内城和外城两部分,有院落16座,房屋640间,总面积36580平方米。内城始建于1632年,有大型院落8座,为明代建筑风格。

　　外城完工于1703年,建有前堂后寝、左右内府、书院、花园、闺楼、管家院、望河亭等,布局讲究、雕刻精美。

康熙名相陈廷敬的宅邸

地处太行山腹地的山西省阳城县北留镇,有一座城堡式建筑群,它依山而筑,城墙雄伟,房屋朴实典雅、错落有致。

它便是我国清朝康熙皇帝的老师、《康熙字典》的总裁官、文渊

阁大学士光禄大夫兼吏部尚书、清代名相陈廷敬的故居皇城相府。

说起这位陈廷敬，他可是我国清代一位了不起的人物。

据说，陈廷敬原名陈敬，祖辈为郭峪村名门望族，1658年，年仅20岁的陈敬考中进士，因为同榜进士中有两位陈敬，为易于区分，顺治皇帝在朝廷上亲自为其更名，在他的名字中间加上了一个廷字。

古人相信，人的名字可以决定他的人生际遇，顺治皇帝的这一小小改动，便成为这位新科进士人生命运的重大契机。

此后的54年间，陈廷敬平步青云，喧极一时，成为康熙皇帝的政治导师与肱股重臣，先后封官进爵28次，作为一个汉族人，历任除兵部以外的其他五部尚书、侍郎等职。

由于陈廷敬与康熙皇帝有师生关系，为此，康熙帝对老师极为重视，并曾两次去陈廷敬的宅邸做客。

陈廷敬的宅邸，原名"中道庄"，康熙帝光临此地后，为它赐名

并亲笔御书"午亭山村"。后人习惯称为"皇城相府"。

这座宅邸是一座枕山依水、坐东朝西的小城。该城由内城和外城组成。在陈廷敬出生前,这里的内城便已存在。

据说,这里最初只是一座官宦府,始建于明宣德年间,由陈廷敬的太祖父、明嘉靖朝陕西按察使陈天佑建于17世纪初。后来,又由陈廷敬的伯父陈昌言于1633年,为避难而扩建,名为"斗筑居"。

内城城墙东西相距约70米,南北相距160米,设五门,墙头遍设垛口,重要部位筑堡楼,并在东北、东南角制高点建有供奉义士关公塑像的春秋阁,以及供奉我国古代传说主宰文运功名的神祇文昌帝塑像的文昌阁。

城墙内四周设有藏兵洞,也称屯兵洞,计五层125间窑洞,用砖石砌就,是内城核心防御建筑河山楼的附属工程。

藏兵洞因地制宜,层层递进,洞间三五相连,层间暗道相通,出入方便,直达城头。攻防兼备,主要在战时用来驻扎家丁和垛夫。

内城北部便是河山楼,建于1632年,是皇城相府的标志性建筑,也是皇城相府中最高的建筑。

河山楼高达七层(含地下一层),楼平面呈长方形,长15米,宽

10米，高23米。楼外墙整齐划一，内部则逐层递减。整个河山楼只在南向辟一拱门，门设两道，为防火用。

外门为石门，门后施以杠栓。河山楼高大雄伟，可同时容纳千余人避难，如此的高度与规模在明清建筑中极为少见。更为难得的是，这样一座砖石高层建筑，历经近四百年的风雨沧桑，仍旧巍然屹立，雄踞一方，周边至今没有超越其高度的建筑。

作为一座民用军事防御堡垒，河山楼的设计非常科学，考虑极为周全。河山楼三层以上才设有窗户，进入堡垒的石门高悬于二层之上，通过吊桥与地面相通。

在第三层中间的窗户，也与别的不同，据说，此口是河山楼的通道，有人出入河山楼，可以从此口放下软梯，供攀爬出入。

在河山楼的楼顶，还建有垛口和堞楼，便于瞭望敌情、保卫城

堡，底层深入地下，开辟有秘密地道，便于转移逃生。河山楼内还备有水井、碾子、石磨等生活设施，储备有大量粮食，以应付可能出现的长期围困。

河山楼虽因避战乱而兴建，但其在和平时期，却仍可作观赏览胜之用，故而又名"风月楼"。

除了藏兵洞和河山楼，在皇城相府的内城建筑，还有祠庙、民宅和官宦邸三类。这些建筑风格迥异，其中，祠庙建筑有陈氏宗祠，民居有麒麟院、世德居和树德居，官宦私邸有容山公府和御史府等。

陈氏宗祠里面供奉的是陈氏先祖的牌位。祠堂正门的两侧悬挂着一副后来乾隆皇帝对陈家明清两代人才辈出高度概括的对联：

德积一门九进士；

恩荣三世六翰林。

麒麟院是皇城相府最早期的建筑，它创建于明宣德年间，曾经数次改修重建，最终形成后来的格局。

在1632年，陈氏一族避难于河山楼时将器具、马匹均藏于该处，幸免于劫，为此，陈氏族人认为此地乃祥瑞之所，又因此院门边的石兽和门前的影壁均有麒麟图案，俗称"麒麟院"。

麒麟院的正堂里面挂着一块匾额，上面写着遒劲有力的3个大字"荣德宫"。

内城民居世德居，又名世德院，由3个院落构成，建于明正德年间，距今已有400余年，是皇城相府内现存最早的建筑。

明朝末年，陈廷敬的父亲陈昌期成为这里的主人，1638年，陈廷敬出生在该院。

该院落为东西向的两个并列四合院，主院由正房、厢房和倒座围合而成。正房为三层楼房，采用"明三暗五"形式。第一层的西房为陈廷敬的出生地，第二层为藏书楼，第三层为藏版楼。

厢房和倒座均为二层楼，院落四角为封闭或开敞的天井。

这种建筑形制极其独特，与我国云南"合五天井"民居有某些类似之处。院内地面以素砖枋条石铺筑，主院西北天井辟门与偏院相通，门内不设影壁。

陈廷敬出生后，与他的8个兄弟及堂兄陈元先后在这里接受陈昌期的儒学教育，并走上仕途，为此，世德居被誉为是陈氏家族兴旺繁荣的发祥地。

树德居，又名树德院，位居内城之东北角，建于明嘉靖年间。院落大体形制均与世德院类同。偏院布局同主院基本相同。

内城的官宦私邸容山公府坐北朝南，由前后两进院落组成。每院一正两厢，所有房屋均为硬山式双层出檐屋顶，前院为会客室，后院为内宅。是陈氏六世祖、陈家家族中第一位进士陈天佑的府第，别称

"肃政廉访"。

内城的另一官宦私邸御史府，是陈廷敬的伯父陈昌言的故居。因其官职为都察院御史，故称"御史府"。由于地理位置有限，御史府的主体建筑被建成并列两院，左为庭堂，右为内宅。正门楼牌上记有"台谏清风"4个大字，见证陈氏一族光明磊落、清正廉洁之气节。

陈昌言是陈氏家族的第二位进士，他的儿子陈元，则是陈家的第四位进士。

内城城门上的"斗筑可居"匾额即是陈昌言的手笔，"斗筑"意思是说城堡狭小形似斗状，"可居"表示保安求全安身之地。

这4个字充分表达了遭逢乱世的陈氏家族对平安生活的渴望与祈盼。

除了御史府，在相府内城，陈廷敬的伯父还有一座名为"中和居"的院子。此院不大，是个典型的四合院，大门门楣上，挂着一块写有"中和居"3个大字的匾额。院内的一间正房和两间厢房均为面阔三间的二层楼建筑。

据说，陈昌言一生信奉"中和"两字，所以将自己的院子命名为中和居。特别值得一提的是，在相府内城，还有一座著名的止园花园，这是陈

氏家族最大的一处园林，占地近11000平方米，院内有小亭、池塘、假山和廊道，是相府主人经常召集文人墨客饮酒作诗和陶冶情操之地。

在此花园内，还有一座书院，名为南书院，又名"止园书堂"。此书堂创建于清顺治年间，为两进院落，规模宏大，主体建筑是一座三层楼，两旁的厢房为两座二层楼。此地是皇城陈氏子弟们学文习儒、科举仕进的摇篮。

再说辅佐康熙51年的陈廷敬，他不仅是一位为奠定康乾盛世做出重要贡献的政治家，更是清初的大学者，除了自己的《午亭文编》等多部著作传世之外，还负责主持编撰了我国历代收字最多的《康熙字典》，他的儿子陈壮履也参与了这一文化工程，父子同修一部字典，一时被传为佳话。

陈廷敬一生备极荣恩，康熙皇帝称其为"全人"，在花甲之年还为其御笔题写了"午亭山村"匾额和楹联：

春归乔木浓荫茂；
秋到黄花晚节香。

并对陈廷敬表示，这是他最后一次为臣子题字。由此一来，可以看出，陈廷敬在康熙帝心目中的地位是非常重要的。

知识点滴

据说，皇城相府的另一名称为"黄城"。传说，陈廷敬当朝廷官员以后，常住在北京，而他的老母亲非常想去北京看他。陈廷敬考虑到母亲年事已高，千里奔波难免劳顿，于是就说：不用来了，我在中道庄给您修一个小北京就行了。

于是，陈廷敬便在陈家内城的基础上修建了一座外城。外城的城墙按照北京城墙修建。不久，朝中有人弹劾说，陈廷敬在家乡修建皇城，意图谋反。

听说皇上要调查此事，陈廷敬马上派人提前赶回，将城墙全部涂成黄色。调查官员回京后禀报说，陈廷敬修的只是黄城而已，陈氏家族于是化险为夷。

陈廷敬亲自指挥扩建家园

话说,在陈廷敬当上朝廷命官以后,家族兴旺,在这种情况下,陈廷敬又开始组织人员在紧依内城西墙的基础上扩建了外城,并于

1703年全部完工。

这座外城基本呈正方形，比内城略短，城内主要建筑有外城城门和相府大院等。

外城城门也叫中道庄，同时也是皇城相府的正门，城门上有3块匾：竖匾、中匾和下匾。意思是说，相府的主人历来恪守儒家的中庸之道，"中"者，不高不下，不偏不倚。

其中竖匾上写着"相府"两字；中匾写着"天恩世德"，意为上承皇恩，广积世德，这是1699年陈廷敬直接嵌于庄门上；下匾则为"中道庄"三字。

在城门的大门上，还有七七四十九个铜制门钉，这表明陈家只比皇家少一排铜钉，地位仅次于皇族。由于这座城门名为中道庄，所以后人也习惯称相府的外城为中道庄。

相府大院，是陈廷敬的宅第，又名"大学士第"，俗称宰相府或相府院，这是一处坐北向南的一进四院。整个建筑布局为前堂后寝、小姐院、西花园和管家院等。

在相府院的最前方，是一座面阔3间的"冢宰第"大门，门额上写有"冢宰第"3个字，其中"第"是封建社会贵族官僚的宅院，因此

"冢宰第"是指相府院。最初在相府院的大门上只挂有"冢宰第",4年以后,陈廷敬官拜文渊阁大学士兼吏部尚书,于是又在大门上换成了"大学士第"的匾额。

由于陈廷敬又担任了都察院左都御史,所以在"大学士第"匾额之下,又立有一块"总宪府"匾额。

相府院的第一大门高大,威严壮观。在此门后面,有一个雕工精美的影壁,正中雕刻的是"麒麟吐玉",寓意陈氏子孙后代繁荣昌盛、吉祥如意。

影壁两边的民间八宝和四艺吉祥图案,显示出主人的风雅、高贵和门第的尊荣显赫。其中民间八宝是8种民间传说中的祥瑞之物。是指和合、玉鱼、鼓板、盘、龙门、灵芝、松与鹤。四艺是指琴、棋、书、画四门技巧。

影壁东折为一狭小庭院,东侧为如意门,门内通往东书院,南面为一倒座，北为相府的二门，即所谓的仪门。

这仪门面宽3间，中间之门是正门，是主人和贵宾的通道，平时关闭，只有在皇帝驾临或朝中一定级别的官员造访时，才开启通行，寻常文武百官和普通人只能从两侧的偏门，按照左文右武的顺序出入。

仪门顶屋檐下，清楚分明地悬挂着"相府"牌匾，门额正方镶嵌着"天恩世德"4个字，意思是皇天恩宠，陈氏家族世代以德相报。

仪门的内侧还设有八字砖雕影壁，分别为鹿、鹤、桐、松、花、鸟图形，寓意六合同春、禄在眼前、福寿双全、松鹤延年。

相府大院的大门和二门的位置不在同一中轴线上，这是因为陈廷敬修建府第时是按照前堂后寝、东书院、西花园的格局修建，因此当地老百姓称为"皇城小故宫"。

相府院二门内为一宽敞的方形庭院，正北大堂为相府大院的主要

建筑。

这大堂原是相府的会客大厅，自从康熙皇帝御赐"点翰堂"匾额后，改名为"点翰堂"。大厅上方悬挂着3块匾额，中间的一块是"点翰堂"3个大字，是康熙三十九年御赐的龙匾。

在点翰堂匾额下，还放着一个古色古香的屏风，雕刻之精细，做工之精美，足见陈廷敬为官时，其风光的一面，同时也可以看出陈廷敬的博学多才和极高的艺术鉴赏水平。

据说，陈廷敬不仅为官清正，而且对于国之方略，天文地理，风土人情，古代文明，及诗歌作赋都很在行，非同一般。

点翰堂是翰林院掌院大学士点定文章的地方。这是康熙皇帝对陈廷敬多次作为会试主考官，为国家大量选拔栋梁之才的褒奖。

"点翰堂"两边的御匾"博文约礼"与"龙飞凤舞"均是康熙御赐。

"博文约礼"是康熙皇帝赞美陈廷敬文学才华博大精深，以礼自重，品格高尚。而"龙飞凤舞"则是称誉陈廷敬人品及其书法气韵奔放、舒展洒脱，并含有龙为君、凤为臣、凤随龙舞、君臣和睦、纲常有序的寓意，反映了陈廷敬与康熙皇帝浓浓的师生情谊与君臣关系。

在此御匾的两边，还有陈廷敬外出时康熙皇帝赐给他的半副銮驾，由此可见，康熙皇帝对陈廷敬的信任和器重。

屏风左右两边，还有陈廷敬任各部首脑的官阶牌，表明陈廷敬一生忠于朝廷，勤于政务，多次被皇帝委以重任。

相府东房是陈廷敬的起居室，陈廷敬在长达53年的京官生涯中，只回家3次，均在此居住。

西房是陈廷敬的书房，桌上放有文房四宝，墙上挂着用红木做的梅、兰、竹、菊4块墙屏，象征着主人严谨自谦做人为官的品德。同时，在此室内南侧还放有琴、棋等，显示出了陈廷敬除了有高超的文学素养之外，琴棋书画也样样精通。

相府正厅往北为相府后院，院内正房中间，挂着康熙皇帝中年时的一幅画像，这幅画像以及两边诗作，都是康熙皇帝赐给陈廷敬的。

据说，康熙两次来皇城相府，就是在此室会见当地官员的。陈氏后人，为纪念皇恩浩荡，特在康熙所住之所保存原样。作为帝王的临时居住地，这间屋内陈设虽说大为精简，但其气派却是富丽堂皇，所用之物也甚为讲究。

相府后院的东厢房有陈廷敬的诗作和书法。西厢房摆放的是陈廷敬在朝为官期间所写给皇上的奏折。

相府后院，还有一个西侧门，从此门进入，可通往陈廷敬3个女儿居住和活动的地方——小姐院。

院内的北房是陈家小姐的起居室小姐绣楼，东西厢房则是女仆和贴身丫鬟的住处。其中，小姐绣楼屋顶的建筑式样，叫作"卷棚顶"，前后屋坡的相交处呈弧形曲面，没有屋脊和脊兽，好像一张巨大的弓俯卧在屋顶上。

我国传统建筑中屋顶的形式很多，总共有7种，分别是庑殿顶、歇山顶、悬山顶、硬山顶、攒尖顶、卷棚顶和盝顶。其中以重檐庑殿顶和重檐歇山顶的等级最高，其次为单檐庑殿顶和单檐歇山顶。

卷棚顶是等级较低的一种形式，但是它线条柔和，造型优美，常被用在皇家园林建筑中，在传统民居建筑中是很少见的。

小姐院采用卷棚顶的屋顶形式，有两层寓意，一层寓意着陈家子女必须温柔贤淑、恪守妇道。另一层显示出陈家崇尚男尊女卑的封建伦理道德观念。

小姐院的南房为过厅，与风景优美的西花园相通。西花园也称慕园，"慕"在这里意为依恋、思念。

这个园子，是陈廷敬为去世的父亲修建的，因位于宰相府西侧，故也叫西花园或后花园。

后花园的大门是一个月亮门，内有假山、鱼池、回廊、花圃交相

辉映,面积虽小,但构思巧妙,建造精美,是小姐们吟诗作画与鼓瑟抚琴的地方。

在这个小姐院内,还有一个可以通往外城墙的踏道,从踏道上去,便是外城墙的望河楼,楼上有一亭,名为望河亭。

这是相府女眷们观赏城外风光的亭台。在我国古代受传统礼教约束,大家闺秀不得随便出入居所,为排遣心中郁闷,女人们只好站在亭内远望相府外的景色,因此取名为"望河亭"。

在相府院内,还有一座管家院,是相府管家办事和居住的地方。这里的房舍均为单层结构,简洁质朴,与装饰华美的主体建筑形成鲜明的对比,使封建社会"尊卑有分,上下有序"的传统礼制观念得到充分的体现。

管家院的门楣上镌刻"笃诚"两字,这是相府选拔管家人才的用人标准。此外,在管家院的旁边,还有一座东书院,是陈氏家族子弟读书学习的场所。

书院是一座坐北面南的两进院落,但在前后两院的东南角上各有一个大门,看来好似两个各自独立的四合院。

纵观整个相府大院，院内斗拱、门窗、楼栏、影壁、柱础等装饰构件工艺精湛，雕工极佳，整个院落气势不凡，富丽堂皇，风格幽雅别致，成为一处"宫文化"封建礼制与地方传统工艺完美结合的典范。

清朝康熙年间，在陈廷敬扩建了相府外城的第二年，陈廷敬又命人在外城的城门内，修建了一座功德牌坊。

此牌坊建于1704年。牌坊为四柱三楼式，楼柱两侧置夹杆石，下枋上雕二龙戏珠，其上花坊、中枋直至定坊均饰吉祥图案，高浮雕。各枋间施牌匾和字牌。牌坊中间嵌板上为："冢宰总宪"4个字，边楼分刻"一门衍泽"与"五世承恩"。

正楼主牌"冢宰总宪"，边楼分刻"一门衍泽"与"五世承恩"。"冢宰"是宰相的别称，为百官之首。"总宪"是都察院左都御史的别称。

在"冢宰总宪"下方有四格文字，从下至上分别镌刻着陈廷敬及其

父亲、祖父、曾祖父的官职和功名,其中最为显赫的就是最下方一格陈廷敬所任官职的具体名称。定枋上施仿木构斗棋屋檐,正脊两端设吻兽,脊刹饰麒麟。整座牌楼看起来雄伟庄重,制作精美。

在这座牌楼的不远处,还有两柱一楼式小牌楼,规模和装饰虽较逊色,但在大牌楼建成之前,仍不失为陈氏家族敬宗耀族、传世显荣的一个主要标志性建筑。

建筑这座牌楼的时间要追溯到陈廷敬乡试中举之年。其正面刻有"陕西汉中府西乡县尉陈秀"至"儒林郎浙江道监察御史陈昌言"等六人的名字和官职,而背面则刻有"嘉靖甲辰科进士陈天佑"至"顺治丁酉科举人陈敬"等六人的科举功名。

其中,陈天佑是陈氏家族中的第一个进士,他的爷爷陈秀则是陈家历史上第一个外出做官的。而陈昌言则是在陈廷敬之前家族中最大的官，先为明朝御史，后入清廷，担任提督江南学政，不仅文章做得好，字也写得十分漂亮，在皇城内城中还存有很多出自他手笔的碑文。

1704年，陈廷敬在相府内扩建了外城以后，整个相府的总面积达到36000多平方米，有大型院落19座，房屋880余间，设9道城门，四通八达。形成了外城抱内城，内外连环套，稳固保安全的坚固堡垒，城墙总长1700余米，平均高度12米，宽2.5米至3米不等，城楼、堞楼、角楼相互关照，垛口星罗棋布，组成了一道坚固的防御线。

整个皇城包括内城"斗筑居"和外城"中道庄"。从整体平面来看，似一头北尾南的神龟，虽不能说惟妙惟肖，却也轮廓鲜明，因而又有"龟城"之说，寓千年永固之意。

整个皇城相府的建筑特征是：依山就势、随形生变、层楼叠院、

错落有致、古朴庄严、浑厚坚固。

作为明清时期的礼制性建筑，皇城相府内的每一座院落、每一处建筑都包含着深厚的文化内涵。然而，就建筑本身来讲，由于时跨明清两代，故而表现出明显不同的风格。

因此，内城为明代遗构，其建筑设计古朴粗犷，浑厚坚固，给人以奇特的神秘之感。外城为清代所建，其建筑布局沿袭了清代前堂后寝的规则，并在建筑风格上彰显了"正一品光禄大夫"的尊贵，给人以富丽堂皇的印象。

这些古老的建筑，被誉为"东方古堡""中国北方第一文化巨族之宅"，给中华民族留下了一笔丰厚而值得研究的历史文化遗产。

知识点滴

在皇城相府一角，有一座小楼名为"悟因楼"，这是陈廷敬的第二个儿子陈豫朋的女儿陈静渊居住和生活的地方。关于此楼的修建，还有一段极为悲凉的故事。

陈静渊自幼聪颖，才华出众，是康熙年间山西两位著名女诗人中的一位。她17岁时嫁给河北沧州官至礼部郎中的卫封沛。但不料婚后两年，丈夫便暴病而亡。陈静渊料理完丈夫的后事含泪回到了娘家，打算重新组合自己的家庭，开始新的生活。但她的父亲却决不允许自己的女儿重嫁他人。

为了让女儿不再有"非分"之想，陈豫朋专门在陈家相府内修建了"悟因楼"让其悟却前因。最终，陈静渊在悟因楼抑郁而死，年仅22岁。

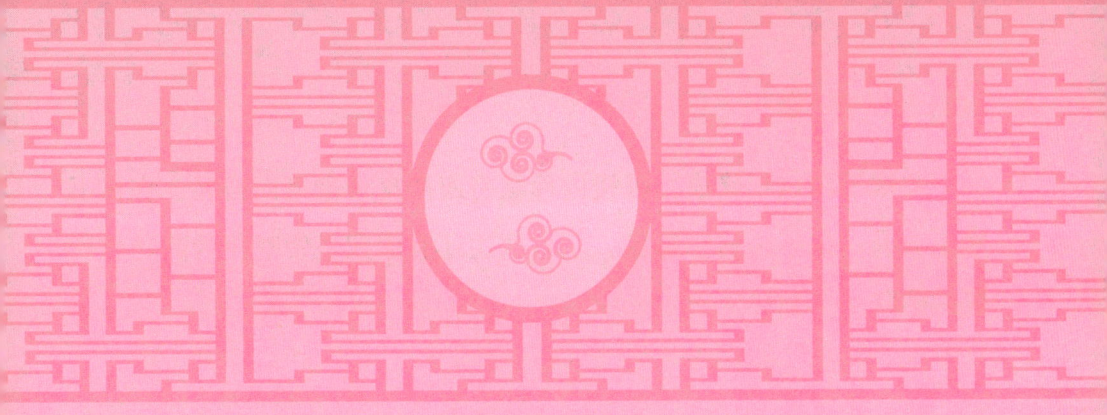

陈壮履为父亲建御书楼

1712年,皇城相府的主人陈廷敬病危,康熙皇帝遣太医前往诊视。

一个月后,陈廷敬病逝,终年73岁。康熙率大臣侍卫祭奠,并令各部院的满汉大臣前往吊祭。康熙皇帝还亲笔写了挽诗,赐祭葬典礼,十分隆重,谥为"文贞"。

后来,陈廷敬的三儿子陈壮履为了纪念父亲,在相府外城的城门外,修建了一座飞檐走壁的"御书楼"。

此楼于1714年修成,因楼内珍藏有康熙皇帝御笔而得名。在御书楼上方有"午亭山村"匾额,左右两边还有康熙皇帝晚年为陈廷敬所题的楹联:

春归乔木浓荫茂;
秋到黄花晚节香。

"午亭"是陈廷敬的晚号,用他的晚号为其故居命名,是康熙皇帝对陈廷敬作为辅弼良臣的最高奖赏。在"午亭山村"匾额上方还有一块玉玺大印,上面刻有"康熙御书之宝"。

御书楼,面宽3间房,进深2间房,单檐歇山顶,上面覆盖着与故宫相同的明黄色琉璃瓦,端庄富丽,金碧辉煌,体现了皇帝御赐无与伦比的尊贵。

当时康熙皇帝已年近花甲,这些也是他的封笔题字,并且这楹联

也有着深刻寓意，是说陈廷敬青壮年的时候，事业有成，就像浓荫翁郁的乔木一样，是国家的栋梁之材。

陈廷敬去世后，他的家人把他的遗体埋放在位于皇城相府北约500米处的静坪山坳，这块墓地后来被命名为"紫云阡"。

此墓地占地16000平方米，主要建筑有石牌坊、御书挽诗碑亭、10通高大的神道碑、4对石像生和陈廷敬坟墓等。

其中，在神道前整齐地竖立着康熙帝御制的挽诗碑和十通神道碑林，上面镌刻着朝廷对陈廷敬卓越功绩的屡次表彰及逝世前后特殊礼遇的记载。

后山静坪、红叶如画，是旧时皇城八景之一，环境幽雅，肃穆壮观。

皇城相府历史人文底蕴厚重，保存完整的康熙帝在陈廷敬病重期间和病故后亲赐的御碑，表达了康熙对陈廷敬的敬重，是对陈廷敬生

荣死贵的最好记录。这里，御碑之多、御书之富、保留之完整，为国内少见。它不仅是一幅古代"自然山水画"，更是一座具有强烈人文精神的东方古城堡。

这里虽没有桂林山水的清灵秀美，没有泰山的挺拔巍峨，没有故宫的庄严神圣，但这里却是中华文明古国的一个缩影，这里有着许多珍贵的历史遗迹，这里就是依山就势、宏伟壮观的皇城相府。

知识点滴

据说，皇城相府中的御书楼是相府众多建筑中规格最高的建筑。为什么这样说呢？这里有三个原因。

第一是因为它的所在位置在相府中，处于最"抢眼"的第一高。

第二是它的名字"御书"两字，和其他的同类建筑相比，此名字的地位也处于最高。

第三是此建筑屋顶覆盖的琉璃瓦是与故宫相同的明黄色，这种瓦的使用也是非常特殊的。

牟氏庄园

　　牟氏庄园，又称"牟二黑庄园"，坐落于山东省栖霞市城北古镇都村，是北方牟墨林家族几代人聚族而居的地方。

　　整个庄园建筑结构严谨，紧固敦实，雄伟庄重，是我国北方规模最大、全国保存最为完整、最具典型性的庄园。

　　牟氏庄园以其恢宏的规模、深沉的内涵，被诸多专家学者评价为"百年庄园之活化石"与"传统建筑之瑰宝"，同时，牟氏庄园还被后人誉为"中国民间小故宫"。

牟之仪之子始建庄园日新堂

牟氏庄园又称"牟二黑庄园",此庄园不仅规模恢宏,古朴壮

观，而且还融集了我国历史文化、建筑文化和民俗文化之大成。

那么，如此恢宏壮观的牟氏庄园究竟是谁创建的呢？又是如何创建的呢？

关于牟氏庄园的创建，离不开一个叫作牟墨林的人，说到牟墨林，还要从牟墨林的祖父牟之仪说起。

牟之仪原居栖霞市的"悦心亭"，于1742年迁居到古镇都村后来的牟氏庄园处，在那里曾建草堂4间，即"小瀛草堂"，因此牟之仪成为牟氏庄园的第一代主人。

虽说牟之仪是牟氏庄园第一代主人，但当时牟之仪家境并不富裕。他18岁时丧父，与叔叔牟悌同住，关系如同父子，30岁承叔命而与叔叔分居。据牟氏第十四世牟愿相所著的《小瀛草堂古文集》中记载：

牟之仪三十岁承叔命分家，始从城内悦心亭徙居古镇都。

　　君顾内外萧然如寒士家，凡古鼎、法书、彝器、珍玩一概无有，甚至几案床榻之属，人家日用者皆无之。

　　乡居后，始稍稍置焉，多粗蠢无文饰，君亦安之，不以为拙也。

由此可以知道，牟之仪从小家境普通、命运坎坷，即便如此，他也从未想过自暴自弃，而是在与叔叔分家后，自己从"悦心亭"迁居到古镇都村，并逐步发展和建设自己的家园。

在建设家园的过程中，由于当时的经济势力还达不到一定的规模，再加上他平时深居简出，不爱张扬，不闻世上乱事，对农业缺乏研究，也没有聚积财富的方法和手段，因此整个家园在建设的过程

中,速度十分缓慢,一直到他去世,土地增加的数量也十分有限。

在牟之仪去世后,他的5个儿子不仅分了家,而且每家还均分了约4万平方米的土地,其中牟之仪最小的儿子牟綧就是靠这4万平方米的土地起家的,成为牟氏家族日后暴发的奠基人。

虽说牟之仪去世时,牟綧才年仅7岁,但牟綧天性聪明,精通农业,经常贩运谷物,囤积居奇,并趁灾荒年青黄不接之际,外渠粮食卖钱置地。

据传,牟之仪与叔叔分家时,只有二十万平方米的土地,但到牟綧的时候就已经置地达到六七十万平方米了,由此可以看出,牟綧的经营手段是非常精明的。

在拥有这么多土地以后,牟綧当然就想在自己的土地上修建房屋了,于是,牟綧带领着请来的工人,修建了牟氏庄园内最早的一组建筑群"日新堂"。

这座日新堂,俗称"老柜",共六进5个院落,依次建门厅、道厅、客厅、双层寝楼、卧房、北群房及西群厢等,计有房屋89间。

"日新堂"建于1735年,那时周围还是一片荒野,建筑比较零落。直到后来牟绰之子牟墨林当家以后,才逐步形成规模。

日新堂成为牟墨林居住的院落后,庄园的许多重大决策都是在这里完成的,被看成是牟氏庄园的发源地,牟墨林去世以后,这里一直被后世的长子长孙来继承,与其他院落相比,这里更有历史沧桑感。

日新堂的门厅又叫祭祀厅,这里是日新堂逢年过节祭祀祖先的场所。门前的一副楹联上写道:

专心唯危唯微唯精唯一;
非礼勿视勿听勿言勿动。

这体现了牟氏祖先对于子孙后代在读书做人时的严格要求。在那

时,人们把祭祀看得很重要,以为是赡养的继续,是孝道的体现,因而就特别虔诚。

牟家作为大户人家,祭祀活动比一般人家更为隆重,更为烦琐,特别是在农历大年期间。不过,牟家在农历年期间的祭祀事务,不是他们的家人操办的,而是由本族一位通晓祭祀程序仪式的人代劳。

农历"腊八"这天,祭祀人就要来洒扫祠堂,赶做祭品;腊月二十三是农历"小年",这一天要祭祀灶王爷,传说这天灶王爷要上天庭汇报各家各户一年来的表现。只有让他满意了,他在玉帝面前才肯多说好话,才能保证全家平安,就是所说的"上天言好事,下界保平安",因此,祭祀是马虎不得的。

自腊月二十八开始,要每天3次给各路神仙上香,这是为了保证提前回家过年的先祖不受冷落;到了年三十晚上,估计列祖列宗全部到齐,这时厅内便香烟缭绕,烛光通明,牟氏后人纷纷前来祭奠叩拜,以尽孝道。大年期间的祭祀活动要持续到农历的正月十五才告一段落,前后长达20多天。

日新堂中一堵用黑色石块砌成的石墙，是庄园鏊墙中又一个特别样式，石墙布局是不规则状，宛如山路弯弯、溪流潺潺、别有趣味。

除了这间祭祀厅，在日新堂内，还有著名的日新堂大楼。此楼共有两层，始建于清朝雍正年间，面阔4间，一层有一正门，门上写有"堂乐宝"3个字。

在此大楼旁边，还有一间殡仪厅，在殡仪厅的后面，是庄园内的作坊，主要有酒坊、油坊和粉坊，原料来自地租，产品用于牟家人自己食用。

此外，在日新堂内，还有一棵古树，学名紫薇，俗称"百日红"，当地叫"痒痒树"。据说，这是牟縡的兄长亲手栽种的，至今已有200多年的树龄，仍然花势旺盛。当地人非常看重这棵古树，并加以崇拜。

"日新堂"是牟家的长子和长孙居住的地方。按照封建家规，长子长孙所继承祖业的份额要多于其他子孙，于是，"日新堂"便成为了庄园分支中最富有的一家。

知识点滴

尽管人们认为牟氏庄园内的第一建筑日新堂是牟之仪的长子牟縡带人始建的，但也有另一种说法认为，日新堂内的大楼是牟之仪修建的。

这座大楼自修建完成以来，便只传长子、长孙，不传其他子嗣，为此，当年年仅7岁的牟縡并没有分得这一房屋。直到成年后，牟縡通过自己的努力，成为自己的兄弟中最富有的一位，并在后来花钱从自己的侄子牟愿相手中买回了这座古老的大楼。

牟墨林之子建成庄园三院落

据说，牟氏庄园的第一代创建人牟绰活了71岁，在他去世时，他的儿子牟墨林25岁。

牟墨林，绰号"牟二黑"，生于1789年。他是牟氏庄园家族九代人农耕发家史中业绩最辉煌、名声最显赫的一位，也是牟氏庄园家族的主要代表人物。

牟墨林从小就给父亲当帮手，帮助父亲发了大财。在他当家时，他对如何发家致富已胸有成竹。他一手抓以地生利，一手抓以粮生利，使家境日益充盈，持续暴富。

为了炫耀门第，他对牟氏庄园内的日新堂进行了扩建，在老楼前后又新建了五排堂屋客厅和群房，形成了一个规模较大的住宅大院。他和家人居住在老楼后五间前有明柱走廊的堂屋里。

牟墨林居住的五间堂屋被后人称为"牟墨林故居"，在此屋的大门上，有一副对联：

墨守耕读呈陶富；
林立懿德诏封翁。

这座故居面阔5间，左右2间凸出，中间3间凹进，形如古锁。

牟墨林共有5个儿子，在儿子们分家时，他把自己亲手扩建的日新堂分给了自己的长子牟援。

同时，在牟墨林病故前后，为了适应分居的需要，牟墨林的儿子们又相继在牟氏庄园老宅院的周围，又建了3个宅院，被称为"宝善堂""西忠来"和"南忠来"。

其中，"宝善堂"为二儿子牟振所建，"西忠来"为三儿子牟㩆所建，"南忠来"为四儿子牟探所建。

这几座宅子后来成为牟氏庄园的主体建筑，它们皆以中门相贯，侧有甬道相通，主体建筑均为二层小楼，主宅仪门居中，配以左右两厢，均为四合院型。

宝善堂建成于清光绪年间，位于老宅日新堂的西边，它包括一个四进院落和一个花园，共建房舍81间。

宝善堂厅堂又名"寿堂"，正中有一个大型的寿幛，此寿字由1支主干、9个分支、27朵牡丹组成。这是牟宗朴60大寿时，请湖南艺

人历时一年刺绣而成的。

据说，当年牟宗朴大寿时，共庆了3天，宴客60余桌，极尽奢华。

在这寿幛的两边，还有当年宾客送的几块匾额，有"椿树长荣""花甲重新"和"南极生辉"等。在此房间内，还有一副当年朝廷发给牟振夫妻的封诰令。

清末，国库亏空，清廷提倡富人花钱捐官。牟墨林的子孙们为了提高社会地位，多数人都投入当中。牟宗朴是这些捐官人中捐的品级最高的一位，捐官之后，牟宗朴在一些场合身着一品官服，乘轿外出时，打13棒锣，甚是风光。

除牟宗朴外，牟家捐官的还有牟墨林的二子、三子、四子、五孙、六孙等。

此外，在宝善堂大厅桌上，还有一套组合餐具，叫作"九子碗"，做成蝙蝠的形状，摆放成铜钱造型，上面还绘有鱼的图案，取意福禄有余。茶碗四周描绘的是惟妙惟肖的"百子图"，表现出主人对多子多福的期盼。

这些瓷器是多为同治年间制造，上面绘有龙的图案，非常漂亮。

在寿堂的后面，是"宝善堂"的寝楼，这是牟振和他的二儿子牟宗朴居住的地方，寝楼也称喜堂。

除此之外，宝善堂东边的围墙也非常特殊，墙面用五色杂石砌成，色彩斑斓，人称"虎皮墙"。

据说，当年庄园主人钟情自然，差使大批工匠，沿远近河道精选各类杂石，按主人的创意和花匠的设计，利用石头的自然形状和色泽，调动"写实""写意"手法，创作了这幅古朴隽秀的图画长卷。

在此墙上，还有许多精美的图案，比如"制钱莲花图""莲生贵子图""花好月圆图"和"大吉大利图"等，这是我国建筑艺术中不可多得的精品。

牟墨林的三儿子牟㩣所建的"西忠来"位于老宅的东边。

牟氏庄园特别强调门面的装饰，因为大门是最直接表现等级的形式。牟㩣为了显示崇孝自己的祖辈，把"西忠来"建为7进院落，并精心设计出权贵显赫的官宅大门。

此大门高5米，阔3.26米，门槛高80厘米。大门上方的4只门簪分别雕刻了琴、棋、书、画4幅图案，以示书香门第。

大门上还有一副非常简单的对联，写道：

耕读世业；
勤俭家风。

此对联道出了牟氏家族治家处世的理念。耕为固本，读为取仕，勤劳节俭，蔚成风气，只有这样，才能秉承世业，永不衰败。

同时，此门还是所有院落中比较庄重的一个，属于七级踏跺。在大门的两侧还有一对珍贵的抱鼓石，它是主人于1908年聘用4名匠师历时3年雕琢而成的。

抱鼓石的石料取于城东唐山，为玄武岩。鼓体高1.5米，直径0.7米，鼓体与鼓托连成一体，体身上浮雕着"福禄寿喜""麒麟呈祥""姜太公钓鱼"与"刘海戏金蟾"等浮雕图案，虽经100多年的风吹雨蚀，但依然惟妙惟肖，栩栩如生。

大门左右临街的一面墙上，砌有人工水磨錾墙石，石面光如镜，石缝细如线，平均每块石头造价为一斗谷子，共有446块。

并且，在临院的另一面，还砌有386块六边形錾墙石，任取其中一块，均可与周围石块组成六边形花卉图，总体上组成一个百花相连的连续图案。

在大门正北有面积约20平方米的石毯，由红、青、黄、紫、黑等七彩石组成，长6米，宽3米，由569块石头拼成，由9幅图案组成。

它的四角均有一蝙蝠图案，中间是三枚石钱相连，均系变质岩凿磨拼对而成，空间是暗黑色的河流卵石，正中一枚石钱的方孔内四角上各刻有一个繁体写的"寿"字，寓意是踏福踩钱，健康长寿。

在石毯北面是二进房，作账房使用。正账先生、外线账先生、坐堂先生和跑腿小先生在这里处理账务，他们属于上等雇工，整个家族的经济往来、土地典买、租地抽地、拨差收租、放粮放债以至操办红白喜事，都由他们按照地主的意图在账房办理。

西忠来内的体恕斋是牟家进行家族议事、教育子女的场所。"体恕"的意思是体谅和宽恕，而这也表明了牟氏家族一贯宽厚待人的生

活态度。

早期的牟氏家族非常认同《朱子家训》。要求后代必须熟练背诵全文，并严格遵守。

为此，在体恕斋的正厅中，悬挂着《朱伯庐家训》，这是由牟氏第十五代人，有"南何北牟"之称的书法家牟所书写的。在此大厅内，还有两副寓意深刻的对联，一副为：

霜露兴思远；
箕裘继世长。

另一副为：

华祝寿三多多福多寿多男子；
堂开师百忍忍垢忍气忍性情。

前者表达了牟氏后人对祖先的崇敬，后者体现了牟家人教育后代要以"忍"字为上的处世哲学。

在大厅内，还摆放着一些蒲团和板凳，这是为了惩罚牟家不思进取、学业无成的子孙的工具。

西忠来内另一著名建筑便是小姐楼，它位于体恕斋的后面，建于清光绪年间，是作为牟擢的长子牟宗夔的起居室，后来，由于牟宗夔的重孙女们曾在这里居住，所以人们称它"小姐楼"。

在小姐楼的西边，是一栋一面坡的二层小楼，这里是牟擢后人的私塾，牟家子弟在这里读书习文，接受教育。

楼基的下面，是一处地下室，这里是储藏蔬菜和鱼肉的地方，具有冷藏保鲜作用。

由四儿子牟探所建的南忠来，位于宝善堂的西南角。

牟墨林的儿子们没分家时都能和睦相处，分居后，依然关系融洽，在他们的努力下，继续将牟氏庄园发扬光大。

知识点滴

牟墨林绰号"牟二黑子"，对于这个绰号的来历，以前的说法是因为他的心肠黑，其实是错误的。据清版《栖霞县志》中记载，说牟墨林"善务农""善用其财""无悭吝心"等，还有一些具体事。

一是说道光十六年，栖霞大灾，牟墨林开仓赈灾，灾民们蜂拥而至，家人劝牟墨林说："照这样赈济下去，你粮食再多也会不够用的，就到此为止吧！"

牟墨林却说："救人一命胜造七级浮屠，但凡能多救一个是一个。"

儿是说，栖霞县令方传植准备建造"霞山书院"，在社会上筹集经费，当时牟墨林就头一个响应"出制钱五百千"，在他的带动下，大家纷纷响应，不到一个月的时间就完成了筹款计划。

牟家后人扩建园内其他院落

清光绪年间,牟氏家族人丁剧增,4个大院落远不能满足牟家人的居住,于是,牟墨林的6个孙子便各立门户,在面积达2万平方米的庄园范围内,大兴土木,互竞豪华,营建成了后来的"东忠来"和"师古堂"等建筑。

这些建筑建成后,牟氏庄园便形成了一个坐北朝南,东西长158米,南北宽

148米，院墙长达800余米，以清代古建筑群为主的，我国最大、保存最完整的庄园。

整个庄园的建筑，是按照我国古代建筑规制布局的。此建筑集中体现了我国古代社会封闭型的特点，反映了父严子孝、男尊女卑的等级关系。

老爷居住楼阁，大厅供奉祖先，平房用于妻妾，裙房用于用人。账房、碾磨房、棺寿房和酿酒房多安排在裙厢，造成了内庭等级森严的特有气氛。

纵观重重四合院相叠，横看条条通道相间，层次清晰，主次分明。除拥有三组六院480间厅堂楼房外，周围还有附属房屋11处331间和佃户住房437间。

这三组六院分别是东组3院、西南组2院、西北组1院。东组3院是

"日新堂""西忠来""东忠来",三院并排,东西宽65.2米,南北长98.2米。

"东忠来"居东,为四孙牟宗彝所居;"日新堂"居西,为长孙牟宗植所居;"西忠来"居中,为三孙牟宗夔所居。

西南组2院是"南忠来"和"师古堂"东西并列,东西宽55.2米、南北长59.2米。"南忠来"居西,为五孙牟宗榘所居;"师古堂"居东,为六孙牟宗梅所居。

西北组1院是"宝善堂",独成一组,占地为东西宽37.2米,南北长64米,为孙子牟宗朴所居。

其中,"东忠来"为六进院落布局,共有房屋87间。由南向北,依次为南群房、平房、客厅、大楼、小楼和北群房、东群厢。整座院落是牟氏庄园中的晚期建筑,也是比较有代表性的一组建筑。

这座院落的錾墙石均由水磨对缝。用料非常考究,做工非常精细,堪称一绝。

据考证，牟氏庄园的石砌墙是我国传统建筑中最好的。两块石头之间没有任何黏合剂，打磨不平的地方用铜钱作垫。

据说，当年庄园主人发给工匠一定数量的铜钱，磨不平石墙就把铜钱垫上，如果磨平了，铜钱就归自己所有。所以，工匠们为了留下铜钱，就将錾墙磨得非常平整。

同时，牟氏庄园的青砖、灰瓦皆由豆汁浸泡，可以防风化，不褪色。因而整个庄园虽然历经百年风雨侵蚀，依然保持了原有的古朴风貌。

东忠来的主体建筑客厅，是牟宗彝宴客、议事的场所。在客厅的大门上，有副楹联：

庭有余香榭草郑兰燕桂树；
室无长物唐诗晋字汉文章。

　　此对联非常自豪地告诉大家,这院子里种植的是绘画名家手下的名贵花木,家里收藏的是唐诗晋字等稀世墨宝。

　　客厅内部陈列分为三部分:东一间是主人牟宗彝看书、写字和帮人撰写诉状的地方;西一间是供客人临时休息的地方;中间是主人宴客的地方。

　　整座大厅的建筑用料非常讲究,主梁都是采用直径80厘米以上的圆木,檩条规格一致,排列均匀,给人以高大宽阔、坚固挺拔之感。房屋内部房坡采用方砖做笆,方砖上面铺有一层柞木炭,这样既能吸水防潮,又能减轻屋面的重量。

　　中堂上方挂有一块彩匾,上面写着:"犹望公安",这是告诫后人,记住他们祖籍是湖北省公安县,后世人要永怀故土,铭记公安。

　　在此匾额下,有一幅画像,上面画的是牟氏第十世祖、牟墨林的高祖父牟国珑。

在画像下面，还有一份诏令，是清廷敕赠牟国珑父母，赠其父为文林郎，其母为孺人。

在中堂的东边墙上，还有一幅诏令是清廷敕赠给牟昌裕祖父祖母的。牟昌裕是牟墨林的本族兄长，进士出身，曾任清朝江南道、河南道、云南道的监察御史、九省军门总漕部堂。

牟昌裕任职期间，敢向朝廷说真话，讲实情，曾建议朝廷取消不许关东地区向外卖粮的禁令，还废止了一些不合时宜的法律条文。他的陈奏往往切中时弊，史书上说他"能言别人所不能言"。

为此，乾隆和嘉庆两朝都很重用他，让他在全国各地稳稳当当地做官，一直到62岁病死在官位上。《山东通志》和《山东历史人物》都将他列为名臣。

这幅诏令在形式上与牟国珑的那副有很大的差别，是由五种颜色

组成的,用于五品以上官员,称"五彩"。而牟国珑的那幅用于级别较低的官员,通体只有一种颜色,称"素面"。

在这座客厅后面,是东忠来的四进院落牟宗彝住宅大楼。此院落是牟宗彝投入了千亩土地的卖金,选用大连洋式楼房样,聘用莱阳县瓦工名师、黄县著名的木工师傅,历时3年建成。

大楼檐枋涂有紫红色油漆,配以白绿相间彩绘斗拱,暖中透冷色调,被檐下阴影相衬,恰到好处地表现出房檐的深度,给人以威严感。

屋脊上分别建有想象中的辟邪神兽,形态各异,以资震慑。大楼怀抱东西厢,正门与屏门相望。屏门,左右连接垣墙,构成典型的四合院。屏门位于厅后楼前,精雕细刻,油漆彩绘,与客厅大楼前后呼应,气势庄严。

在大楼下层,是牟宗彝的起居室,用于陪妻妾进餐、就寝、检点账目和教育子女。上层是他的专用书房,用于读书看报、拟写诉状、养神休憩,同时,上层也是他仿古崇古、精神享乐的地方。

昔日他曾在上层藏有十几箱古书和大量名人字画。珍品虽多已失散,但也有保留下的部分书籍和牟氏家族的书画以及名人的墨迹。

由于此大楼后来多住着牟家的儿子,所以此大楼又被称为"少爷楼"。在东忠来院落,除了客厅和少爷楼,旁边的厢房还有碾磨房、农具室和粮仓账房等。

除此之外,牟氏庄园不仅有精美的布局,而且还有庄园建筑三大怪。这里所说的"三大怪",是牟氏庄园修建时出现的与众不同的景象,建筑风格的怪异之处更是耐人寻味,一直被人们所追寻和探索。

首先是"穿堂门儿一线开"。在每个大院的客厅、堂屋都有前后门,而且全都建在一条线上,这便突破了栖霞地区"房门不得前后开"的风水学上的老规矩。

其次是"烧炕火洞在室外"。牟氏庄园在建寝室的同时,在窗外墙角下的适当位置留一个方形的石砌炕洞口,让用人在室外按时烧炕

取暖。

  这一独特的取暖设计方式，在北方民居中实属罕见。不过这样的结构可以有效避免室内烧炕容易发生的煤气中毒的情况。

  最后是"烟囱立在山墙外"。在我国南北方的房舍建筑，无论是平房还是楼房，其烟囱的位置一般都设计在屋脊檐坡上。

  然而，牟氏庄园却将庄内的近百个烟囱竖立在山墙外面，顶端有遮雨帽，远看宛如托在云雾中的一座小塔，小巧玲珑，别具一格。

  这种设计的作用是天冷取暖烧火炕，木柴燃烧散发热量不大，为充分利用热，把烟囱安在山墙边，是为了延长烟火的走向，让柴或草的热度保留于炕内，可以让房屋的保暖性能更好一些。

  牟氏庄园的整个建筑和布局，以其恢宏的规模、深沉的内涵，被诸多专家学者评价为"百年庄园之活化石""传统建筑之瑰宝""六百年旺气之所在"。

知识点滴

  牟氏庄园建筑既有北方的古朴粗犷，又有南方的细腻幽雅。它对于现代建筑如何独具风采，具有很好的借鉴和启迪作用。

  1988年，修葺一新的牟氏庄园经国务院批准，被列为全国重点文物保护单位。从此，庄园全面对外开放。

  1996年夏，香港《戏说乾隆》剧组专程来此，以庄园为外景，拍摄了乾隆皇帝在故宫主持朝政及生活起居的镜头。

石家大院

　　石家大院是清末天津"八大家"之一的"尊美堂"石府宅第。石氏家族久居杨柳青，历时200多年。

　　从清中叶至20世纪初，其财势号称津西首富，从石万程开始发家到石元仕一代，为石家鼎盛时期。

　　整个大院从寝室、客厅、花厅、戏楼、佛堂到马厩，无论是通体格局、建筑风格还是艺术装饰，都反映了丰厚的文化遗存和当时的民俗民风。

石家后人共建石家大院

　　石氏先人从山东来到天津一带操船营运,他们的生意越做越大。到1785年,石家的后代石衷一正式落户于天津的杨柳青镇。

　　随后,石衷一的儿子石万程出生。石万程从小非常聪明,长大后更是善于经营船业生意,随着石家的生意越来越大,他们家赚的钱也

就越来越多。

后来，到石万程之子石献廷出生后，石家已经成为了当地的望族。据说，当时的石家已有良田千余顷，房子500余间，当铺13处，加上其他财产约值白银300余万两，并且石氏又有"兄弟联登"武举，其中一人考中武进士，被兵部授予官职。

石献廷在其发家期间，还生有4个儿子，并把石家财产分给这4个儿子，于是在1827年，石献廷的儿子们遵照他的遗嘱，分家另过，各立堂名。

因老大石宝福早夭，老二石宝善立长门"福善堂"，老三石宝庆立二门"正廉堂"，老四石宝苓立三门"天锡堂"，老五石宝珩立四门"尊美堂"。

福善堂、正廉堂以及天锡堂的后世子弟，由于经营不善，到清末，三门的家道先后中落。

而老五石宝珩却因治家有道而财丁兴旺，在此阶段，石宝珩之子石元仕出生。

1861年，石元仕科考中举，官拜工部郎中，但以父老弟幼为名未曾到任，反而致力于家业经营。

当时，石宝珩家光是土地就有700万平方米，地跨静海、武清、文安、霸县、安次、固安等县。另外，还有当铺6处，银号、绸布棉纱庄、酱园、杂货姜厂、煤炭厂等多处工商、金融字号。

石元仕当家后，不仅注重家产积累，更善于扩大政治势力。石元仕努力结交权贵，子女多与天津官绅、豪门结姻，他自己的夫人，即是两广总督张之洞的族侄女。因此，在当地有民谣说：

杨柳青煞气腾腾，无有金銮殿，有瓦屋几层；无有真龙天子；有石元仁应涿；无有保驾的人，有保甲局服从。

由此可见，石元仕在当地是非常有声望的。

在石元仕发家致富的同时，他还将父亲的尊美堂不断扩建，成为津西第一家宅院，世人俗称"石家大院"。

石家大院大规模建筑始于光绪初年，历经十几年才建成，占地约7000平方米。整个大院被一条60米长的中轴线分开，此中轴线便是一个甬道。甬道的两侧共有四合套式12个院落，所有院落都是正偏布局，四合套成，院中有院，院中跨院，院中套院。

堂院坐北朝南，由大小四进院落组成。东院是三套四合院，为长辈及各房子孙居所；西院建客厅、戏楼和佛堂，是会客、娱乐、祭祀之所。

大院建筑用料考究，做工精细，砖雕木刻形式多样，常用"福寿双全""岁寒三友""莲荷""万福""连珠"等喜庆吉祥图案。

从寝室、客厅、花厅、戏楼、佛堂到马厩，都反映了清末的文化遗存和当时的民俗民风，是一处有"华北第一宅"之称的晚清民居建筑群。

知识点滴

天津杨柳青不仅是闻名世界的年画发祥地，也是天津"八大家"之一石家大院的所在地。

明清时期天津海运兴旺，粮米盐业的发展使得早先祖辈从事漕运的船工们先后发展起来。石家就是一例，祖辈贩运粮棉，利润丰厚，置房买地，号称杨柳青首富的石家当时已有万亩良田了，又叫"石万千"。

当时，石家拥有大片土地、银庄、当铺、布庄、酱菜园等，还在镇中街心建起几万平方米有数百间房屋的建筑群。

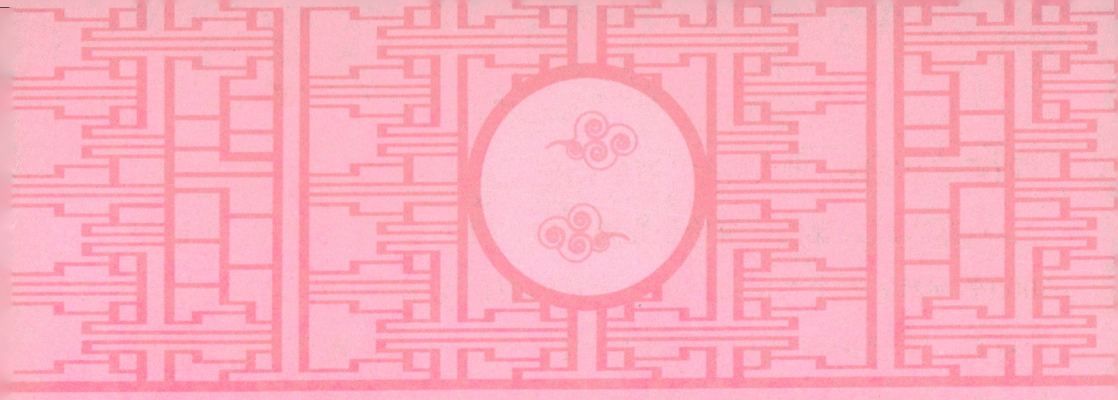

以中甬道为中心的建筑

　　石家大院是清末天津"八大家"之一的"尊美堂"石府宅第。从北门估衣街到前门河沿街，长100米，宽70米，占地约6000平方米，其

中建筑面积约2000多平方米，房屋278间，是我国迄今保存最好、规模最大的晚清民宅建筑群。

从估衣街进石家大院北门，最先看见的是一条长长的甬道，这是整个大院的中轴线。甬路上有形式各异、建筑精美的5座门楼。

从南向北，门楼逐渐升高，寓意为"步步高升"，而每道院门都是3级台阶，寓意为"连升三级"。

这几座门楼中，有一座石家大院保存最为完好的中式门楼。这座门楼上有一组雕刻精美的砖雕。

最上面第一组的图案叫宝象花，源于佛教，是荷花、菊花、牡丹花合为一体的想象图案；第二组砖雕刻的是两个如意，如意下是两个柿子，取谐音事事如意；第三组图案为五只蝙蝠的图案，蝙蝠寓意幸福，中间是一个寿字，叫五福捧寿，寓意为五福降临，长寿为本。

石家大院是一个中式建筑群，但这个门楼却是西式的旋子门，上面还有旗子。据说，这座门楼是石家出国留学的后代修建的。在门楼后的甬道东西两边各有五进院落。

东院为内宅，有内账房、候客室、书房、鸳鸯厅、内眷住房等，西边的院落为接待贵宾的大客厅、暖厅、大戏楼、祠堂等，现已基本恢复了原有陈设。与内宅相比，这里建筑用材更为考究。大客厅院内有高近5米的大天棚，可挡风避雨，当年从镇外很远就能看到。

西院的西边还有三进院落，是私塾先生教书及其他的专用房。

在甬道两侧，并排5道门，10个四合院。在四合院的四周还有用人住的配房，南头西拐角有月亮门和影壁，直对河沿大街。

甬道西侧是五进四合院，从北向南第一院是北客厅及佛堂，往南是大垂花门，木刻石雕最为精美。平时此门不开，只有达官显贵才走此门，一般人只走两侧小门。此院有汉白玉条槽卧狮形大山石一对。

第二院是串廊院，南面是鸳鸯大过厅。第三院是有石家大院的三绝之一戏楼及南客厅。

其中，石家的戏楼是北方民宅中最大的戏楼，楼内大部分为木质结构，顶部由铅皮封顶，用铜钉钉成一个长长的篆体寿字，取"长寿"之意。

戏楼横梁下悬双雕宫灯，12根通天柱，上圆下方，取天圆地方之说。在立柱上方还悬有一圈回廊，称"走马廊"，是当年石府家丁护院警卫时所站之处。戏楼内共设120个座位，前坐男，后坐女，中间用屏风隔开，所谓的"男人看戏，女人听戏"就是这样。

据说，著名的京剧表演艺术家余舒岩、孙菊仙、龚云甫都在此唱过堂会。整座戏楼融南北建筑风格为一体，主要的特点是冬暖夏凉音质好。

戏楼的墙壁是磨砖对缝建成，严密无缝隙，设有穿墙烟道，由花厅外地炉口入炭200斤燃烧一昼夜，冬日虽寒风凛冽，楼内却温暖如春。

到了夏天，戏楼内地炉空气流通，方砖青石坚硬清凉，东西两侧开有侧门使空气形成对流，空间又高，窗户设计的阳光不直射却分外透亮，使人感到十分凉爽。

戏楼建筑用砖均是当地三座马蹄窑指定专人特殊烧制。经专用工具打磨以后干摆叠砌，用元宵面打了糨糊白灰膏粘合，墙成一体。

加上北高南低，回声不撞，北面隔扇门能放音，拢音效果极佳，偌大戏楼不用扩音器，不仅在角落听得清楚，即使在院内也听得明白无误。因此，石府戏楼堪称"民间一绝"。

第四院南面是专门接待贵宾的花厅。在花厅的门前，有石家的第一宝——一块"尊美堂"的匾额，它是光绪皇帝的老师翁同龢所写。客厅正中还有一尊玉石雕像，所刻的是白菜和两只狗，取"人财两旺"之意。

客厅中，隔断上的八扇屏是石家的第二宝。它表现的是四季花鸟，雕工非常精细，从玻璃两侧看这个八扇屏，所看到的图案完全一致，看似8扇，实则16面。当年，没有玻璃的时候，中间夹的是一层纱，起到"只听其声，不见其人"的作用。

这间花厅还有一个非常特别的取暖设施，就是地炉。在我国清代，只有皇宫才有地炉，而这一设施也是石家从皇宫里学来的。

房屋底下是纵横交错的烟道，将地面方砖架在梅花垛上，然后在地炉灶口，入燃烧的碳，使热气顺烟道穿过，烧热地面，而后再通过暗藏的烟道排出屋外。在整个石家，只有花厅和戏楼才有这种地暖。

花厅正对着的是书房，是主人吟诗作对、读书绘画的地方，反映了石家"学而优则仕"的期盼。

北面大厅则是陈设古玩字画的地方。

第五院是南书房，当时自设私塾，存书满屋。东边甬道有厨房、下房、车棚、马厩及护院男女用人住所。

石家大院全部建筑用料讲究，做工精细。磨砖对缝，画栋雕梁，花棂隔扇，漆朱涂彩。在前檐与山墙交界处，从山墙向院墙伸出条状青石一块，异于别家，意为"石"家高升。

此外，石家大院的佛堂也别具一格。石家佛堂正中供奉的是观音菩萨，屋里上方供有关公像，下方福、禄、寿三星像。

整个佛堂为典型的抬梁式框架结构，四梁八柱。这种民宅结构非常坚固，也就是人们常说的墙倒房不塌。

石家大院共有3道垂花门，因为其垂柱根据荷花3个花期雕刻成3种不同形态的图案，所以分别取名为："含苞待放""花蕊吐絮""籽满蓬莲"。

第一道垂花门"含苞待放"，是3座垂花门中最讲究的一座。它的中间有两块抱鼓石，抱鼓石外侧是象首，即"吉祥"，里侧是鹤鹿回春。垂花门木格上有四季花图案，象征走过此门，四季平安。

据说，在当年修建此门时，仅石料就用了白银500两，两位石匠精雕细刻一年之久才完工。

第二道垂花门:"花蕊吐絮"。此门楼上方的木格中是木雕仙鹤,一共是9只,相传一只仙鹤增12岁,9只就是增寿108岁。仙鹤背面雕的是古代铜钱,所以从此门过就代表着"又增寿又有钱"。

第二道垂花门后面就是第三道垂花门:"籽满蓬莲"。它的门楼上方及垂柱两边有木雕葫芦爬蔓图案,取名葫芦万代,象征子孙万代繁衍不断。

这三道垂花门分别象征着主人一生3个美好的愿望:一年四季保平安;一代长寿又有钱;子孙辈辈永绵长。

总之,石家大院的建筑典雅华贵,砖木石雕精美细腻,室内陈设民情浓厚,素有"津西第一宅"之称。

知识点滴

石家大院主人石元仕70岁生日时,石府接朋引客,大摆寿筵,极尽奢华。不料在第二年,石元仕即背生溃疽,体弱已极,很快故去。

石元仕去世后,其家人即离开尊美堂老宅,全部迁往天津定居。后石元仕夫人去世。因其娘家势力不凡,丧事必得大办,致使家业更加一蹶不振,只好负债度日。至新中国成立前夕,尊美堂的大部分住宅已变卖他人。

1987年,西青区人民政府将"尊美堂"宅第列为区级文物,加以保护,并拨资修复。在天津市有关单位的支持和工程技术人员的共同努力下,历时6年,终于完成修复工作。

1992年,石家大院作为"杨柳青博物馆"对外开放,属天津市级文物保护单位。